마이크로비트와
(micro:bit)

함께 즐기는
방구석 메이킹
(Making)

배영훈 · 이준록 · 정인성 · 지다해 공저

光 文 閣
www.kwangmoonkag.co.kr

머리말

　포스트 코로나 시대 이후 아이들이 살아가야 할 사회는 정보와 기술이 융합하여 빠르게 변하고, 빠르게 변하는 사회에 대처하기 위해 지식을 습득하는 능력보다 지식의 핵심을 찾고 이를 활용하는 능력이 더 중요해 질 것입니다. 이러한 능력을 기르기 위해 지식 위주의 교육에서 벗어나 학생들의 창의ㆍ융합적 역량을 길러줄 교육이 필요할 것입니다.

　이러한 교육의 해답으로 메이커 교육을 찾을 수 있다. 메이커 교육은 학생들 스스로 학습의 주체가 되어 자신이 만들고 싶은 주제를 정하고, 이 주제를 해결하기 위해 정보를 수집하고, 융합하는 과정을 통해 학생들의 창의ㆍ융합적 사고를 증진하고, 학생들 사이의 의사소통을 촉진하는 교육입니다.

　이러한 교육에 조금이나마 도움이 되고자 학생들의 메이커 경험을 촉진하고, 미래 사회의 중심이 될 기술 중 하나인 소프트웨어 중심의 메어커 활동을 경험하기 위해 이 책을 집필하게 되었습니다.

이 책은 학생 여러분들이 손쉽게 사용할 수 있는 마이크로비트(micro:bit)라는 도구와 여러 가지 센서들을 사용해 실생활의 문제를 해결해 볼 수 있는 11가지의 프로젝트들을 직접 따라해 볼 수 있도록 구성 되었습니다. 프로젝트에 제시되어 있는 문제 상황을 해결하기 위해 같이 생각하고, 책을 따라 프로그램을 작성하고, 프로그램으로 움직이는 구조물을 만들다 보면 자기도 모르는 어느새 문제를 해결하기 위해 창의적으로 생각하고 있는 자신을 발견하게 될 것입니다.

 아울러 이 책이 출간되기까지 물심양면으로 애써주신 광문각 박정태 회장님과 임직원 여러분께 감사의 말씀을 드립니다.

저자 일동

차례

마이크로비트에 대해 알아봅시다 7

1. 살펴보기 / 2. 프로그래밍하기

CHAPTER 1 선풍기 만들기 17

1. 살펴보기 / 2. 디자인하기 / 3. 프로그래밍하기 / 4. 만들기

CHAPTER 2 농구 게임기 만들기 33

1. 살펴보기 / 2. 디자인하기 / 3. 프로그래밍하기 / 4. 만들기

CHAPTER 3 망치 룰렛 게임기 만들기 49

1. 살펴보기 / 2. 디자인하기 / 3. 프로그래밍하기 / 4. 만들기

CHAPTER 4 운동 알리미 만들기 67

1. 살펴보기 / 2. 디자인하기 / 3. 프로그래밍하기 / 4. 만들기

CHAPTER 5 거리 감지 피아노 만들기 ·········· 81
1. 살펴보기 / 2. 디자인하기 / 3. 프로그래밍하기 / 4. 만들기

CHAPTER 6 복도 안전 지킴이 만들기 ·········· 99
1. 살펴보기 / 2. 디자인하기 / 3. 프로그래밍하기 / 4. 만들기

CHAPTER 7 나만의 전자 기타 만들기 ·········· 117
1. 살펴보기 / 2. 디자인하기 / 3. 프로그래밍하기 / 4. 만들기

CHAPTER 8 아크릴 램프 만들기 ·········· 131
1. 살펴보기 / 2. 디자인하기 / 3. 프로그래밍하기 / 4. 만들기

CHAPTER 9 자동 타킷 만들기 ·········· 149
1. 살펴보기 / 2. 디자인하기 / 3. 프로그래밍하기 / 4. 만들기

CHAPTER 10 미아 방지 목걸이 만들기 ·········· 171
1. 살펴보기 / 2. 디자인하기 / 3. 프로그래밍하기 / 4. 만들기

CHAPTER 11 비밀 상자 만들기 ·········· 189
1. 살펴보기 / 2. 디자인하기 / 3. 프로그래밍하기 / 4. 만들기

마이크로비트에 대해 알아봅시다

01 살펴보기

　자동 세탁 모드가 있는 세탁기, 온도를 측정해 움직이는 에어컨 등 우리 주변의 전자제품에는 초소형 컴퓨터가 들어 있습니다. 세탁기 속의 초소형 컴퓨터는 세탁량을 측정하여 세탁 시간을 자동으로 정합니다. 에어컨 속의 초소형 컴퓨터는 실내 온도를 측정하여 적절한 온도가 될 수 있도록 에어컨을 작동시킵니다. 최근에는 전자기기 속의 초소형 컴퓨터가 인터넷과 연결되어, 컴퓨터나 핸드폰 등을 사용하여 전자기기들을 작동시키는 사물인터넷 시대가 시작되었습니다.

마이크로비트는 세계적인 IT기업(삼성, 구글, 마이크로소프 등)과 영국의 BBC 방송국이 학생들의 프로그래밍 교육 및 메이커 교육을 위해 만든 초소형 컴퓨터입니다. 마이크로비트에는 센서, 디스플레이, 무선통신과 같은 다양한 기능이 포함되어 있습니다. 마이크로비트에 사용할 수 있는 센서들은 다음과 같습니다.

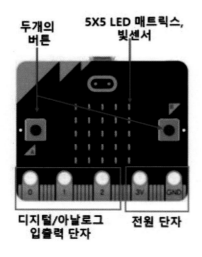

- LED 매트릭스: 가로 5개, 세로 5개 총 25개의 LED가 장착되어 있어, 숫자, 문자, 그림 등을 LED로 표현합니다. 또 광센서가 내장되어 있어 마이크로비트 주변의 빛의 밝기를 측정합니다.

- 두 개의 버튼: 앞면에는 두 개의 버튼이 있습니다. 이 버튼을 이용하여 프로그램을 작성하거나, 실행할 수 있습니다.

- 디지털/아날로그 입력 단자: 집게 전선을 이용해 전자 부품을 연결하거나, 프로그램 실행을 위한 여러 가지 센서들을 연결할 수 있습니다.

- 전원단자: 마이크로비트에 연결된 센서에 전원을 연결할 때 사용합니다.

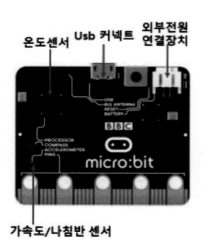

- 온도 센서: 마이크로비트 주변의 온도를 측정합니다.

- 가속도/나침반 센서: 마이크로비트의 움직임 또는 방향을 감지합니다. 마이크로비트의 기울기, 흔들기, 떨어뜨리기 등의 움직임을 감지할 수 있으며, 마이크로비트가 놓여 있는 위치를 감지할 수 있습니다.

- USB 커넥터: 마이크로비트와 컴퓨터를 연결하여, 프로그램을 다운받을 때 사용합니다. 마이크로비트의 전원도 공급받을 수 있습니다.

- 외부 전원 연결 장치: 컴퓨터에 연결하지 않고 마이크로비트에 전원을 공급할 때 사용합니다.

마이크로비트에 내장되어 있는 센서나 외부 센서를 사용하면 다양한 물건을 만들거나 제어할 수 있습니다.

마이크로비트 농구 게임기   마이크로비트 무드등

02 프로그래밍 하기

마이크로비트에 프로그램할 때는 자바스크립트 블록 에디터를 사용합니다. 마이크로비트용 자바스크립트 블록 에디터는 마이크로소프트사에서 만든 오픈소스 플랫폼인 Makecode를 사용합니다. 그럼 자바스크립트 블록 에디터를 사용하는 방법을 알아 봅시다.

 step 1 | makecode 홈페이지(www.makecode.com)에 접속합니다.

step 2 | 마이크로비트를 선택하고 마이크로비트 페이지로 이동합니다.

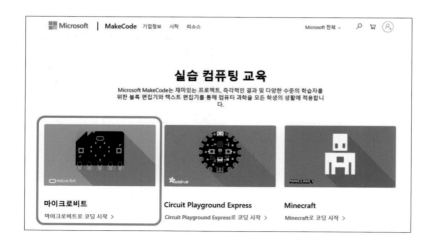

 step 3 | 마이크로비트 페이지에서는 마이크로비트와 관련된 다양한 예제 파일을 따라 할 수도 있고, 자신이 만든 프로그램을 관리할 수도 있습니다. 새 프로젝트를 선택하여 프로그램을 작성할 수 있는 페이지로 이동합니다.

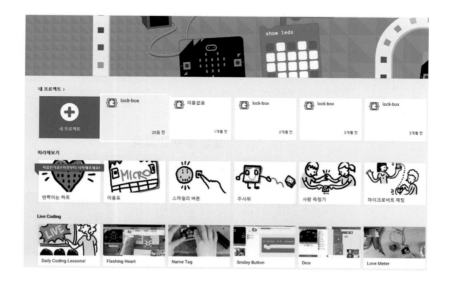

step 4 | **마이크로비트의 자바스크립트 블록 에디터의 화면 구성은 다음과 같습니다.**

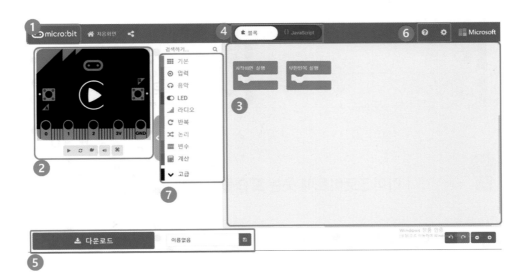

❶ 프로젝트 열기: 새 프로젝트 또는 이전 프로젝트를 열 수 있습니다.

❷ 에뮬레이터: 프로그래밍한 내용이 마이크로비트에서 어떻게 동작할지 미리 작동해 볼 수 있습니다.

❸ 프로그래밍 창: 마이크로비트를 동작시킬 프로그램을 작성하는 곳입니다.

❹ 프로그래밍 환경을 블록 프로그래밍 또는 자바스크립트 프로그래밍으로 변환할 수 있습니다.

❺ 만든 프로그램을 hex 형태의 파일로 컴퓨터에 다운로드합니다.
(다운로드한 hex 파일을 마이크로비트로 옮겨서 실행할 수 있습니다.)

❻ 도움말을 보거나 설정을 변경할 수 있습니다.

❼ 코딩 블록: 비슷한 명령 블록들끼리 그룹으로 묶어 놓은 곳입니다.

▦	기본	기본 명령 관련	↻	반복	반복 명령 관련	
◉	입력	마이크로비트 센서 관련	⤬	논리	조건 및 논리연산 관련	
♫	음악	소리 재생 관련	▤	변수	변수 관련	
◐	LED	LED 표현 관련	▦	계산	숫자 및 계산 관련	
▂▄▆	라디오	무선통신 관련	∨	고급	추가 명령 블록 관련	

 step 5 │ **마이크로비트에 웃는 모습을 출력해 봅시다.**

① 자바스크립트 블록 에디터를 처음 실행하면 프로그래밍 창에 [시작하면 실행]과 [무한반복 실행] 명령어가 기본으로 설정되어 있습니다. 무한반복 실행은 필요 없으므로, [무한반복 실행]에 커서를 놓고, 마우스 오른쪽 클릭을 합니다. [블록 삭제]를 눌러 필요없는 명령어를 제거합니다.

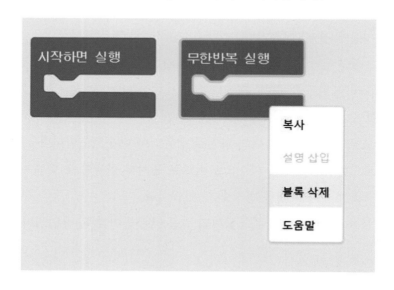

② [기본]-[LED 출력]을 가져와서 [시작하면 실행] 아래에 넣습니다. [LED 출력] 명령 블록의 25칸 중 원하는 부분을 클릭해서 웃는 표정을 만듭니다.

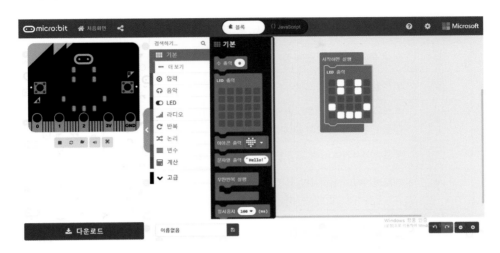

활동 TIP

오른쪽 화면 아래에 있는 버튼 중 버튼은 프로그래밍을 잘못했을 때 [이전]으로 돌리고 싶을 때 사용합니다. 버튼은 [이후]로 다시 실행하고 싶을 때 사용합니다. 화면을 확대할 때는 버튼 축소할 때는 버튼을 사용합니다.

③ 에뮬레이터의 실행 버튼을 눌러 웃는 모습이 나타나는지 확인해 봅시다.

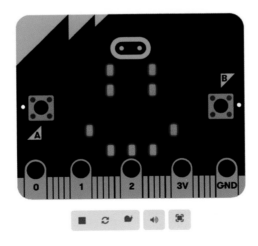

④ USB 연결 케이블을 이용하여 마이크로비트와 컴퓨터를 연결합니다. 마이크로비트와 컴퓨터가 정상적으로 연결되면 윈도우 탐색기에서 이동식 저장 매체로 마이크비트가 인식되는 것을 볼 수 있습니다.

④ 왼쪽 화면 아래 ⬚ 다운로드 를 클릭합니다.

⑤ 화면 아래쪽에 알림창이 뜨면 [저장] 옆에 [삼각형]을 클릭합니다. [다른 이름
   으로 저장]을 클릭합니다.

⑥ 새 창이 뜨면 마이크로비트를 선택하고 파일 이름을 미소로 입력 후 저장합
   니다.

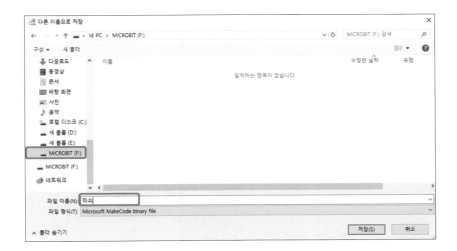

⑦ 마이크로비트의 LED 매트릭스에 웃는 모습이 나타나는지 확인해 봅니다.

1

선풍기 만들기

활동 목표
- 모터와 확장 보드를 이용해 선풍기를 만들 수 있다.
- 모터의 방향과 속도를 조절하는 프로그램을 만들 수 있다.

1.
선풍기 만들기

01 살펴보기

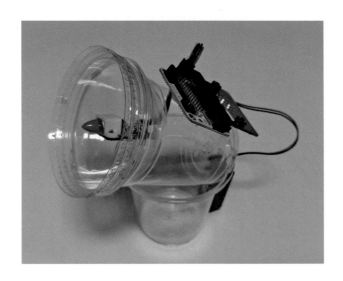

무더운 더위를 시원한 바람으로 날려버릴 수 있는 선풍기가 있다면 우리는 여름도 쉽게 이겨낼 수 있습니다.

이번 활동에서는 모터를 이용하여 선풍기의 방향과 속도를 조절할 수 있는 선풍기를 제작하도록 하겠습니다.

💡 step 1 | 이번 메이킹을 위해 필요한 외부 장치를 알아봅시다.

● 확장 보드란 무엇일까요?

이어폰 단자　　부저

마이크로비트　　입력/출력 핀
삽입 슬롯

　　마이크로비트에는 다양한 입출력 장치를 연결할 수 있는 단자가 있습니다. 하지만 입출력 장치를 연결할 수 있는 수가 제한되어 있고, 연결할 때 사용하는 악어 클립은 때때로 주변 장치에 영향을 주기도 합니다. 그래서 좀 더 다양한 메이킹 활동을 할 수 있도록 마이크로비트에 연결하여 사용할 수 있는 확장 보드를 제작하였습니다.

　　이번 메이킹 활동에서 사용하는 확장 보드는 센서 비트라고 하며, 마이크로비트를 기반으로 합니다. 센서 비트에는 부저와 이어폰 단자 등이 통합되어 있어, 부저나 헤드폰으로 음악을 들을 수 있습니다.

- 모터란 무엇일까요?

전동기라고도 불리는 모터는 전기 에너지를 동력 에너지로 변환합니다. 자기장 내에서 전류를 흐르게 함으로써 받게 되는 힘을 회전 동작으로 변화하는 것이 일반적입니다. 우리가 사용하는 많은 전자제품에 모터가 사용되고 있으며, 세계 전력 소비량의 약 50% 정도가 모터에서 사용된다고 합니다.

- 모터를 연결하는 방법을 알아볼까요?

모터를 작동하기 위해서는 총 4개의 전선이 필요합니다.

```
모터의 VCC ⇔ 확장 보드의 1번 V
모터의 GND ⇔ 확장 보드의 1번 G
모터의 INA ⇔ 확장 보드의 1번 핀
모터의 INB ⇔ 확장 보드의 2번 핀
```

이렇게 하여 모터에 전원을 공급하며, 마이크로비트가 모터에 신호를 전송하여 모터의 방향과 속도를 조절할 수 있습니다.

step 2 | 작품을 만드는 방법(알고리즘)을 알아봅시다.

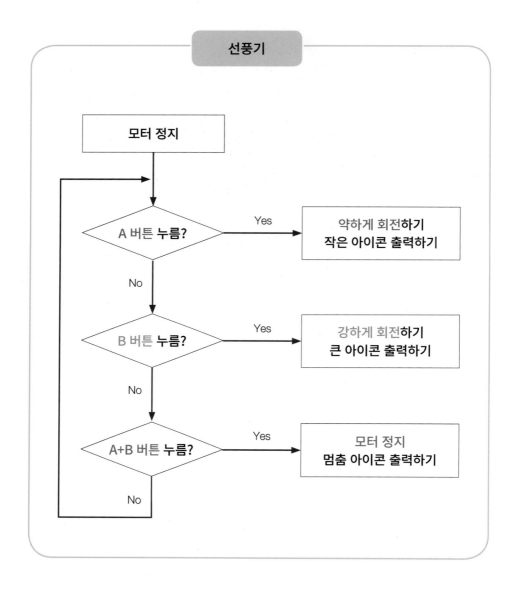

선풍기

모터 정지

A 버튼 누름? — Yes → 약하게 회전**하기**
작은 아이콘 출력하기

No

B 버튼 **누름?** — Yes → 강하게 회전**하기**
큰 아이콘 출력하기

No

A+B 버튼 누름? — Yes → 모터 정지
멈춤 아이콘 출력하기

No

step 3 | **이번 활동에 필요한 주요 명령 블록을 알아봅시다.**

- 모터를 작동시키기 위해 필요한 명령 블록

명령 블록	
기능	[핀] 카테고리에 있으며, 모터의 회전을 조절하는 명령 블록입니다. 모터의 핀이 연결된 핀 번호를 설정하고, 회전 방향 및 회전 속도를 0~1023 사이의 값으로 조절합니다. 입력하는 숫자 값이 클수록 회전 속도도 빨라지게 됩니다.

> **활동 TIP**
>
> 모터의 날개를 연결할 때 주의하세요. 명령 블록으로 모터의 회전 방향을 조절할 수 있지만 모터에 연결된 날개의 모양에 따라 바람의 방향이 달라질 수 있습니다. 모터에 날개를 연결할 때 날개의 경사진 면을 확인한 후 모터에 연결합니다.

step 1 │ makecode 홈페이지(www.makecode.com)에 접속해, 마이크로비트를 선택하고, 새 프로젝트를 선택합니다.

 step 2 │ 모터를 초기화하기 위한 명령 블록을 입력합니다.

- 모터의 회전을 제어하는 선을 1번 핀과 2번 핀에 연결합니다.

step 3 | 모터의 회전을 조종하기 위한 명령 블록을 입력합니다.

① A 버튼을 누르면 1번 핀에 512만큼(약하게) 출력을 실행합니다.

② A 버튼을 누르면 모터의 작동을 확인하기 위하여 마이크로비트 화면에 작은
아이콘을 출력하도록 합니다.

> **활동 TIP**
>
> 1번과 2번 아날로그핀은 모터의 회전 방향을 결정합니다. 모터가 원하는 방향으로 회전하지 않는
> 다면, 1번과 2번 아날로그 값을 바꾸어 줍니다. 이때 너무 작은 값(100 이하)을 넣을 경우 모터가
> 움직이지 않으니, 값을 조정하여 모터의 움직임을 확인합니다.

③ B 버튼을 누르면 1번 핀에 1023만큼(강하게) 출력을 실행합니다.

④ B 버튼을 누르면 모터의 작동을 확인하기 위하여 마이크로비트 화면에 큰 아
이콘을 출력하도록 합니다.

⑤ A 버튼과 B 버튼을 동시에 누르면 모터의 회전이 멈추도록 합니다.

⑥ A 버튼과 B 버튼을 동시에 누르는 것을 확인하기 위하여 마이크로비트 화면
에 X 아이콘을 출력하도록 합니다.

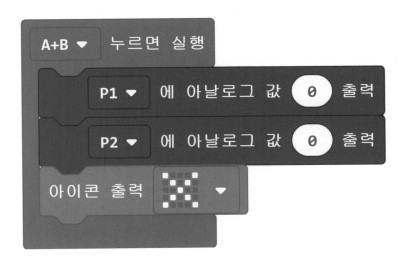

step 4 | 완성된 전체 코드를 확인합니다.
완성된 프로그램을 마이크로비트에 다운받습니다.

만들기

 step 1 | **선풍기를 만들기 위한 재료를 확인합니다.**

준비물: 마이크로비트, 확장 보드, 배터리 홀더(건전지 포함), 점퍼선 4개, 모터, 프로펠러, 투명 컵(12oz)/뚜껑 2개, 칼, 글루건

활동 TIP

선풍기 제작에 활용하는 모터와 프로펠러의 크기에 맞는 투명 컵을 선택합니다. 프로펠러가 회전하기에 투명 컵의 뚜껑이 좁은 경우에는 프로펠러의 날개를 좀 더 작은 것으로 선택하거나 큰 뚜껑을 사용합니다. 이번 메이킹 활동에 사용한 투명 컵은 12oz이며, 컵의 상단 지름은 90mm입니다. 사용한 프로펠러의 지름은 75mm입니다.

step 2 | 선풍기의 몸체를 제작합니다.

① 뚜껑을 2개 겹쳐 붙인 후 모터를 뚜껑의 아랫부분에 붙입니다.

활동 TIP

뚜껑을 2개 사용하면 모터를 뚜껑에 좀 더 단단하게 고정시킬 수 있습니다. 안쪽에 넣는 뚜껑에는
모터가 잘 끼워질 수 있도록 칼질을 해서 홈을 내면 모터가 단단하게 고정됩니다. 2개의 뚜껑과
모터는 글루건으로 단단하게 붙여서 모터가 회전할 때 흔들리지 않도록 합니다.

② 모터에 프로펠러와 점퍼선을 연결합니다.

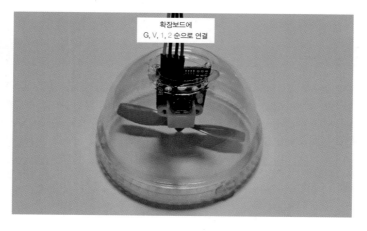

※ 각각의 핀에 연결된 점퍼선의 색깔을 기억합니다.

③ 투명 컵의 몸체에 가로, 세로 2cm 크기의 구멍을 냅니다.

활동 TIP

구멍이 너무 작으면 ④번 활동에서 점퍼선을 꺼내기 힘들 수 있습니다.

④ 모터를 붙인 뚜껑과 투명 컵을 붙입니다. 이때 투명 컵의 구멍으로 모터와 연결된 점퍼선을 꺼냅니다.

⑤ 투명 컵의 중앙에 확장 보드를 붙인 후 점퍼선을 확장 보드에 순서에 맞게 연결합니다.

⑥ 배터리 홀더를 투명 컵의 아랫부분에 붙여준 후 마이크로비트에 연결합니다.

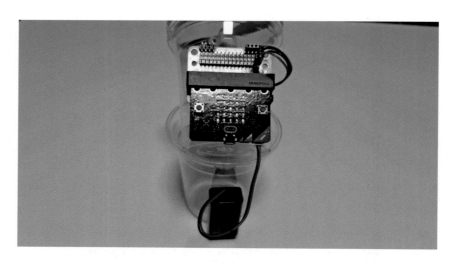

 step 3 | **선풍기가 잘 작동하는지 확인합니다.**

2

농구 게임기
만들기

활동 목표
- 적외선 센서를 이용해 농구 게임기를 만들 수 있다.
- 적외선 센서의 작동 원리를 이해하고 농구 게임기 프로그램을 만들 수 있다.

2.
농구 게임기 만들기

01 살펴보기

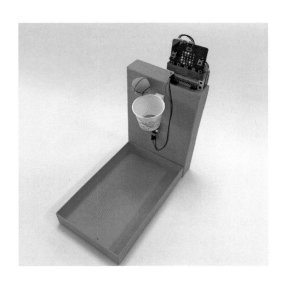

두 편으로 나뉘어 상대편의 바스켓에 공을 던져 얻은 점수의 많음을 겨루는 경기인 농구 경기는 많은 인기를 끌고 있습니다. 농구는 영어로 바스켓볼(basketball)이라고 하는데 이는 골대가 바스켓의 형태이기 때문이라고 합니다.

이번 체험 활동에서는 적외선 센서를 이용하여 골대에 공이 들어갔을 때 득점 값을 계산하는 마이크로비트 농구 게임기를 만들어 보도록 하겠습니다.

02 디자인하기

💡 step 1 | 이번 메이킹을 위해 필요한 외부 장치를 알아봅시다.

• 적외선 센서란 무엇일까요?

발광부(송신) 수광부(수신)

적외선센서

1. 적외선 센서의 원리

적외선 센서는 발광부와 수광부로 나누어집니다.

발광부에서 나온 적외선이 물체에 반사되어 수광부에 얼마나 많은 양이 들어오느냐에 따라서 수광부에 들어오는 전압의 양이 변하게 됩니다. 변하는 그 값을 가지고 코딩을 수행하게 됩니다.

• 적외선 센서를 연결하는 방법을 알아볼까요? ①②③

적외선 센서를 작동하기 위해서는 총 3개의 전선이 필요합니다.

적외선 센서의 VCC ⇔ 확장 보드의 1번 V
적외선 센서의 GND ⇔ 확장 보드의 1번 G
적외선 센서의 OUT ⇔ 확장 보드의 1번 핀

이렇게 하여 적외선 센서에 전원을 공급하며, 마이크로비트가 적외선 센서로부터의 신호를 받을 수 있도록 합니다.

step 2 | 작동 원리를 살펴봅시다.

① 공이 골대에 들어가면

③ 소리와 함께 점수 +1

② 적외선 센서가
움직임 감지

 step 3 | 작품을 만드는 방법(알고리즘)을 알아봅시다.

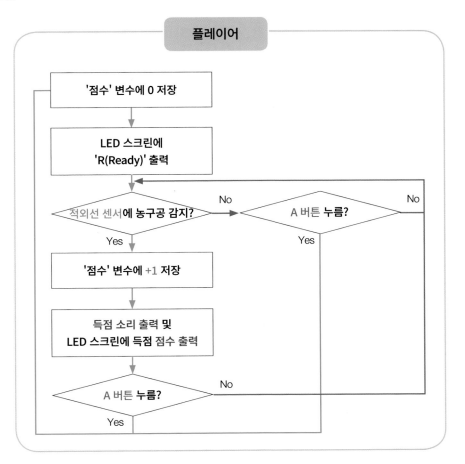

플레이어

'점수' 변수에 0 저장

LED 스크린에
'R(Ready)' 출력

적외선 센서에 농구공 감지? — No → A 버튼 누름? — No

Yes

Yes

'점수' 변수에 +1 저장

득점 소리 출력 및
LED 스크린에 득점 점수 출력

A 버튼 누름? — No

Yes

step 4 | 이번 활동에 필요한 주요 명령 블록을 알아봅시다.

명령 블록	기능
문자열 출력 "Hello!"	[기본] 카테고리에 있으며 문자열을 LED 스크린에 출력하며, 문자열이 스크린보다 클 경우 문자가 왼쪽으로 흐르면서 출력됩니다.

A ▼ 누르면 실행	[입력] 카테고리에 있으며
	• A 버튼, B 버튼, A 버튼과 B 버튼을 함께 누른 경우, 이렇게 세 가지 경우로 버튼을 사용할 수 있습니다.
	  - 버튼 A를 누르면 실행, 버튼 B를 누르면 실행
	  - 버튼 A+B를 누르면 실행(A 버튼과 B 버튼을 동시에 눌렀을 경우에 실행)
	• A▼ 의 ▼을 누르면 버튼의 종류를 선택할 수 있습니다.
	
	버튼 A ▼ 누르면 실행
	✓ A
	B
	A+B

P1 ▼ 연결(on) 상태	[입력] 카테고리에 있으며 핀의 연결 상태를 나타냅니다.
배딩 ▼ 멜로디 한 번 ▼ 출력	[음악] 카테고리에 있으며 선택한 멜로디를 출력합니다.
만약(if) 참(true) ▼ 이면(then) 실행	[논리] 카테고리에 있으며 조건이 참(true)인 경우 밑에 있는 명령 블록을 실행합니다. ※ 참고: ⊕ :조건 추가
점수 ▼ 에 0 저장	[변수] 카테고리에 있으며 새로 만든 '점수' 변수에 0을 저장합니다.
0 더하기(+) ▼ 0	[계산] 카테고리에 있으며 두 수를 더합니다.

활동 TIP

변수란 컴퓨터가 정보를 저장하는 작은 상자입니다. 컴퓨터는 변수라는 작은 상자에 다양한 정보를 저장하고 처리합니다. 마이크로비트 블록에서 변수의 초기 설정을 하지 않았다면 처음에는 0이 저장됩니다.

03 프로그래밍하기

 step 1 | makecode 홈페이지(www.makecode.com)에 접속해, 마이크로비트를 선택하고, 새 프로젝트를 선택합니다.

 step 2 | 프로그램에 필요한 변수를 만듭니다.

① 농구 게임기를 만들기 위해 1개의 변수가 필요합니다. 필요한 변수와 기능을 정리하면 다음과 같습니다.

변수명	기능
점수	• 새로 만든 '점수' 변수에 0을 저장합니다. • A 버튼을 누를 때마다 점수 변수가 +1씩 증가합니다.

② 농구 게임기를 만들기 위해 필요한 변수는 [변수]-[변수 만들기]를 선택해 다음과 같은 변수들을 만들어 줍니다.

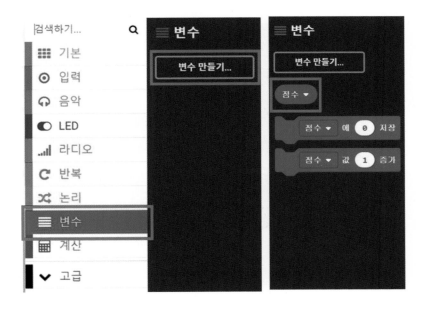

step 3 | 게임 시작을 위한 기본값들을 설정합니다.

① [변수] - ['점수'에 0 저장] 블록을 [시작하면 실행] 블록 내부에 추가합니다.
② [기본] - [문자열 출력] 블록을 추가한 후 'R'로 변경합니다.

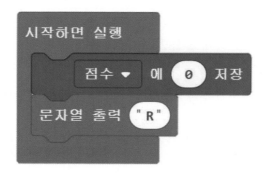

 step 4 | 만약 적외선 센서에 농구공이 감지되면 '점수' 변수에 +1을 저장하도록 설정합니다.

① [논리] - [만약(if) '참(true)'이면(then) 실행] 블록을 [무한반복 실행] 블록 내부에 추가합니다.

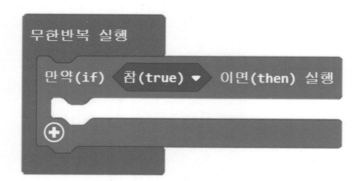

② [입력] - ['P0' 연결(on) 상태] 블록을 '참(true)'에 추가합니다.

③ 'P0▼'을 눌러 'P1'으로 변경합니다.

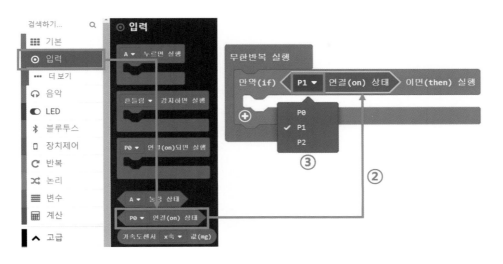

활동 TIP

'P1 연결(on) 상태'가 의미하는 것은 P1에 전원이 연결되어 전류가 통한다는 의미입니다. 그럴 때 센서가 작동을 시작할 수 있습니다.

④ [변수] - [점수에 0 저장] 블록을 [만약(if) '참(true)' 이면(then) 실행] 블록 내부에 추가합니다.

⑤ [계산] - [0 더하기(+) 이] 블록을 '0'에 추가하고 오른쪽 '0'을 1로 바꾸어줍니다.

⑥ 왼쪽 '0'에 변수 '점수'를 추가합니다.

step 5 | 득점 소리 출력 및 LED 스크린에 득점 점수 출력이 되도록 설정합니다.

① [음악] - ['다다둠' 멜로디 '한 번' 출력] 블록을 [만약(if) '참(true)' 이면(then) 실행] 블록 내부에 추가합니다.

② '다다둠▼'을 눌러 원하는 득점 소리로 변경합니다.

③ [기본] - [수 출력] 블록을 [만약(if) '참(true)' 이면(then) 실행] 블록 내부에 추가합니다.

④ '0'에 변수 '점수'를 추가합니다.

 step 6 | 게임을 다시 시작하고 싶을 때 A 버튼을 누르면 점수 리셋 및 LED 스크린에 'R(Ready)'가 출력되도록 설정합니다.

① 버튼 A를 누르면 점수가 다시 0이 될 수 있도록 [변수] - ['점수'에 '0' 저장] 블록을 [입력] - ['A' 누르면 실행] 블록 내부에 추가합니다.

② 게임이 준비되었음을 알리는 R(Ready)가 LED 스크린에 출력되도록 [기본] -
[문자열 출력] 블록을 ['A' 누르면 실행] 블록 내부에 추가합니다.

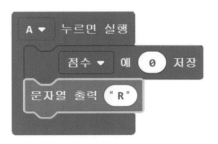

 step 7 | **완성된 전체 코드를 확인합니다.**
완성된 프로그램을 마이크로비트에 다운받습니다.

step 1 | 마이크로비트 농구 게임을 만들기 위한 재료를 확인합니다.

준비물: 마이크로비트, 배터리 홀더(건전지 포함), 확장 보드, 적외선 센서, 연결 선, 빈 상자, 우드락, 클레이, 매직, 글루건, 테이프, 작은 종이컵, 칼

step 2 | 농구대와 공을 제작합니다.

① 빈 상자를 수직이 되게 붙여줍니다.

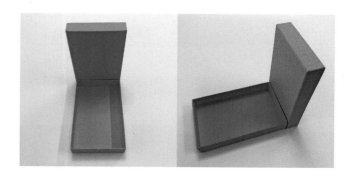

② 작은 종이컵의 아랫부분을 칼로 잘라내고 클레이를 이용해 종이컵 아래 구멍 사이즈에 맞도록 공을 만들고 매직으로 꾸며줍니다.

③ 골대를 상자에 붙여줍니다. 상자와 종이컵 사이에 우드락을 이용해 살짝 공간을 둡니다.

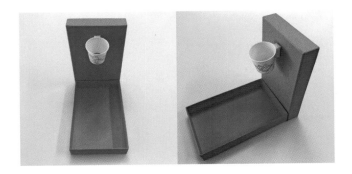

활동 TIP

- 글루건을 사용할 때에는 화상에 주의하도록 합니다.
- 칼을 사용할 때에는 베이지 않도록 주의하여 안전하게 자르도록 합니다.

step 3 | 확장 보드에 마이크로비트를 끼우고 적외선 센서, 배터리와
연결합니다.

① 확장 보드에 마이크로비트를 끼웁니다.

② 적외선 센서와 확장 보드를 연결해준 후 배터리와 연결합니다.

적외선 센서의 VCC ⇔ 확장 보드의 V
적외선 센서의 GND ⇔ 확장 보드의 G
적외선 센서의 OUT ⇔ 확장 보드의 핀

step 4 | 농구 경기장 모형에 마이크로비트를 붙여줍니다.

① 확장 보드를 연결한 마이크로비트를 상
   자 윗부분에 붙입니다.

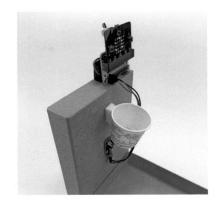

② 적외선 센서를 골대 아랫부분에 붙입니다.

활동 TIP

센서 감지가 잘 되게 하기 위해 적외선 센서의 발광부, 수광부를 살짝 앞쪽으로 굽혀줄 수 있습니다.

 step 5 | 농구공을 골대에 넣어 점수가 LED 화면에 출력되는지와 A 버튼을 누르면 리셋되는지 확인합니다.

3

망치 룰렛 게임기
만들기

활동 목표
- 키패드와 서보모터를 이용해 망치 룰렛 게임기를 만들 수 있다.
- 키패드를 누를 때 무작위로 망치가 떨어지는 프로그램을 만들 수 있다.

3.
망치 룰렛 게임기 만들기

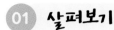

01 살펴보기

　다양한 여가 활동 중 우리를 가장 신나고 재미있게 해주는 것으로 보드게임을 뽑을 수 있습니다.

　이번 체험 활동에서는 키패드와 서보모터를 이용하여 언제 망치가 떨어질지 알수 없는 룰렛 게임기를 만들어 보도록 하겠습니다.

디자인하기

💡 step 1 | 이번 메이킹을 위해 필요한 외부 장치를 알아봅시다.

• 키패드란 무엇일까요?

　이번 활동에서 사용하는 주요 재료는 키패드와 서보모터입니다. 일반적으로 키패드는 블록이나 패드 단위로 정렬된 여러 개의 버튼들이 모여 있습니다. 컴퓨터 자판, 계산기, 디지털 도어락 등에서 쉽게 볼 수 있습니다. 이번 활동에서 사용하는 키패드는 5개의 버튼으로 구성되어 있습니다.

• 키패드를 연결하는 방법을 알아볼까요?

키패드를 작동하기 위해서는 총 3개의 전선이 필요합니다.

> 키패드의 V ⇔ 확장 보드의 1번 V
> 키패드의 G ⇔ 확장 보드의 1번 G
> 키패드의 S ⇔ 확장 보드의 1번 핀

이렇게 하여 키패드에 전원을 공급하며, 마이크로비트가 키패드로부터 신호를 받을 수 있도록 합니다.

> **활동 TIP**
>
> 이번 활동에서 사용하는 키패드는 5개의 버튼으로 이루어져 있습니다. 각각의 버튼을 누르면 사전에 입력된 아날로그 값이 마이크로비트로 전송이 됩니다. 키패드마다 출력되는 아날로그 값은 어느 정도의 오차가 있으며, 이번 활동에서 사용된 키패드의 아날로그 값은 각각 2, 53, 99, 140, 541로 측정되었습니다. 사전에 각 버튼별 아날로그 값을 확인한 후 프로그래밍을 합니다.

키패드 버튼	아날로그값 확인 명령어

● 서보모터란 무엇일까요?

일반적으로 모터는 한쪽 방향으로 연속으로 회전합니다. 하지만 서보모터는 원하는 각도와 속도로 일정하게 움직이는 목적으로 사용합니다. 이러한 움직임 특징에 따라 열고 잠글 수 있는 잠금장치, 이동 방향을 변경하는 핸들, 로봇의 관절 등에 사용합니다.

● 서보모터를 연결하는 방법을 알아볼까요?

키패드를 작동하기 위해서는 총 3개의 전선이 필요합니다.

키패드의 V ⇔ 확장 보드의 2번 V
키패드의 G ⇔ 확장 보드의 2번 G
키패드의 S ⇔ 확장 보드의 2번 핀

이렇게 하여 서보모터에 전원을 공급하며, 마이크로비트가 서보모터에 신호를 전송하여 모터의 각도와 속도를 조절할 수 있습니다.

step 2 | 작품을 만드는 방법(알고리즘)을 알아봅시다.

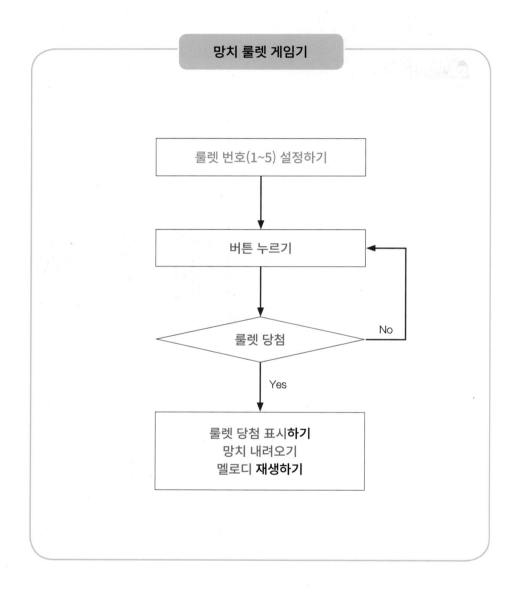

step 3 | 이번 활동에 필요한 주요 명령 블록을 알아봅시다.

명령 블록	기능
만약(if) 참(true) ▼ 이면(then) 실행 아니면(else) 실행 ⊖ ⊕	[논리] 카테고리에 있으며, 조건 '참(true)'에 해당하는 값이 만족하면 첫 번째 줄의 명령 블록들을 실행하고, 그렇지 않으면 두 번째 줄의 명령 블록들을 실행합니다.
0 부터 10 까지의 정수 랜덤값	[계산] 카테고리에 있으며, 정수의 범위를 지정하여 그 사이의 정수를 무작위로 선택합니다.
P0 ▼ 에 서보 값 180 출력	[핀] 카테고리에 있으며 서보모터가 연결된 핀의 위치에 따라 서보모터의 각도를 조절합니다.

활동 TIP

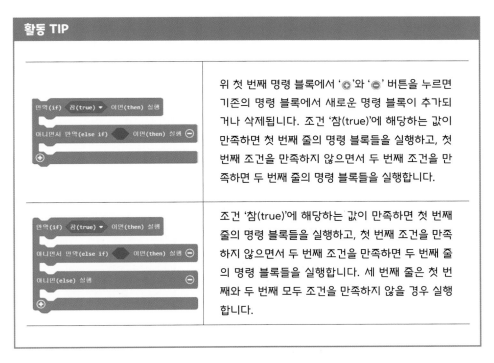

만약(if) 참(true) ▼ 이면(then) 실행 아니면서 만약(else if) ◇ 이면(then) 실행 ⊖ ⊕	위 첫 번째 명령 블록에서 '⊕'와 '⊖' 버튼을 누르면 기존의 명령 블록에서 새로운 명령 블록이 추가되거나 삭제됩니다. 조건 '참(true)'에 해당하는 값이 만족하면 첫 번째 줄의 명령 블록들을 실행하고, 첫 번째 조건을 만족하지 않으면서 두 번째 조건을 만족하면 두 번째 줄의 명령 블록들을 실행합니다.
만약(if) 참(true) ▼ 이면(then) 실행 아니면서 만약(else if) ◇ 이면(then) 실행 ⊖ 아니면(else) 실행 ⊖ ⊕	조건 '참(true)'에 해당하는 값이 만족하면 첫 번째 줄의 명령 블록들을 실행하고, 첫 번째 조건을 만족하지 않으면서 두 번째 조건을 만족하면 두 번째 줄의 명령 블록들을 실행합니다. 세 번째 줄은 첫 번째와 두 번째 모두 조건을 만족하지 않을 경우 실행합니다.

step 1 │ makecode 홈페이지(www.makecode.com)에 접속해, 마이크로비트를 선택하고, 새 프로젝트를 선택합니다.

 step 2 │ 프로그램에 필요한 변수를 만듭니다.

① 망치 룰렛 게임을 만들기 위해 2개의 변수가 필요합니다. 필요한 변수와 기능을 정리하면 다음과 같습니다.

변수명	기능
룰렛	1~5 사이의 무작위 값을 저장합니다.
점수	5개의 버튼을 누를 때마다 버튼 순서에 따라 1~5의 숫자가 저장됩니다. 룰렛 변수와 선택 변수가 일치할 경우 망치가 작동합니다.

② 망치 룰렛 게임에 필요한 변수를 만들기 위해 [변수]-[변수 만들기]를 선택해 다음과 같은 변수들을 만들어 줍니다.

step 3 | '룰렛' 변수에 1~5 사이의 랜덤값을 저장합니다.

활동 TIP

[계산] 카테고리에 있는 '0부터 10까지의 정수 랜덤값' 명령 블록은 룰렛 게임뿐만 아니라 가위바위보 게임 등 다양한 랜덤 게임을 제작하는 데 활용할 수 있습니다.

 step 4 | 버튼 입력 프로그램을 만듭니다.

① 마이크로비트에 항상 과녁 모양이 나오도록 합니다.

활동 TIP

'아이콘 출력' 명령 블록으로 하트, 행복, 다이아몬드 등 40개의 다양한 아이콘을 선택하여 출력할 수 있습니다.

②[첫 번째 버튼을 누르면 '선택' 변수에 1을 저장한 후 숫자 1을 출력합니다.

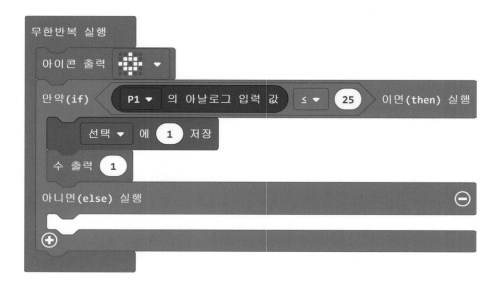

'만약 참이면 실행' 명령 블록에서 조건은 '디자인하기' 활동에서 측정한 아날로그 값을 참고하여 입력합니다.

버튼	측정값	조건
1	2	아날로그 값 ≤ 25
2	53	25 < 아날로그 값 ≤ 75
3	99	75 < 아날로그 값 ≤ 120
4	140	120 < 아날로그 값 ≤ 340
5	541	340 < 아날로그 값 ≤ 700

※ 조건은 각 버튼의 중간값을 사용하였으며, 자신이 측정한 값을 기준으로 하여 조건식을 작성합니다.

③ '버튼을 눌러 '아니면서 만약 참이면 실행' 명령 블록을 추가합니다. 같은 방법으로 두 번째부터 다섯 번째 버튼을 누르면 각각 '선택' 변수에 2~5를 저장한 후 숫자 2~5를 출력합니다.

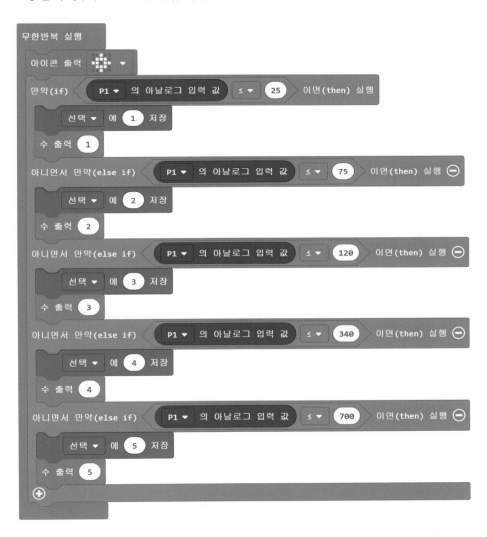

활동 TIP

다음 활동으로 넘어가기 전에 키패드가 정상적으로 작동하는지 지금까지 프로그램한 것을 다운받아 확인합니다. 만약 버튼을 눌렀을 때 숫자가 정확하게 표시되지 않는다면 조건에 입력한 아날로그 입력값을 조정합니다.

step 5 | **망치 룰렛이 작동하는 프로그램을 만듭니다.**

① 만약 '룰렛' 변숫값과 '선택' 변숫값이 같다면 '당황' 아이콘을 출력합니다.

```
무한반복 실행
    만약(if)  룰렛 ▼  = ▼  선택 ▼  이면(then) 실행
        아이콘 출력  ⠿  ▼
    ⊕
```

② 망치가 내려와서 손을 가볍게 때린 후 올라가고, 룰렛에 걸렸다는 멜로디가
   나오도록 합니다.

```
무한반복 실행
    만약(if)  룰렛 ▼  = ▼  선택 ▼  이면(then) 실행
        아이콘 출력  ⠿  ▼
        P2 ▼  에 서보 값  95  출력
        일시중지  500 ▼  (ms)
        P2 ▼  에 서보 값  5  출력
        일시중지  500 ▼  (ms)
        다다둠 ▼  멜로디  한 번 ▼  출력
    ⊕
```

③ '선택' 변수에 0을 저장하여 망치의 움직임과 멜로디를 멈춥니다.

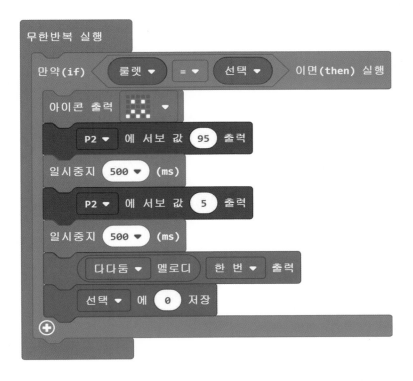

step 6 | 완성된 전체 코드를 확인합니다.
완성된 프로그램을 마이크로비트에 다운받습니다.

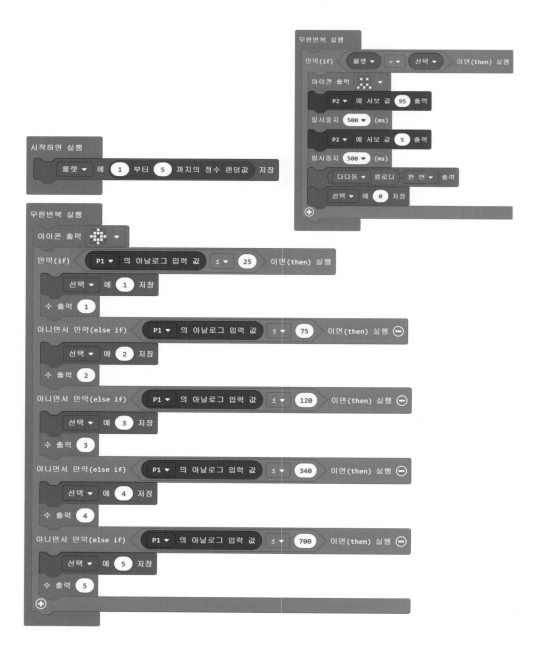

04 만들기

 step 1 | 망치 룰렛 게임기를 만들기 위한 재료를 확인합니다.

준비물: 마이크로비트, 확장 보드, 배터리 홀더(건전지 포함), 서보모터, 키패드, 종이컵(큰 컵, 작은 컵), 나무젓가락, 칼, 글루건

> **활동 TIP**
>
> 망치 룰렛 게임기 제작에 사용한 종이컵은 일반 종이컵(작은 컵)과 12온스 용량의 종이컵(큰 컵)을 사용하였습니다. 크기가 비슷한 종이컵을 사용해도 상관없지만 망치 룰렛의 안정적인 지지를 위해 되도록 12온스 이상의 종이컵 사용을 권장합니다.

step 2 | **망치 룰렛 몸체를 제작합니다.**

① 큰 컵 중앙에 네모 모양의 구멍을 뚫어 서보모터를 끼웁니다.

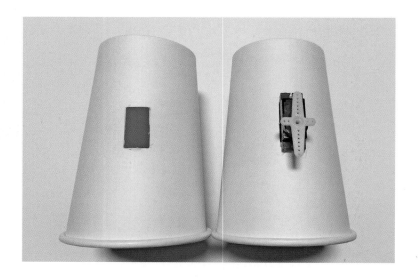

② 배터리 홀더를 큰 컵 뒤편에 붙입니다.

③ 서보모터 날개를 나무젓가락에 붙인 후 반대쪽을 작은 컵에 끼워 고정합니다.

④ 나무젓가락이 11시 방향을 가리키도록 서보모터 날개를 서보모터에 연결합니다.

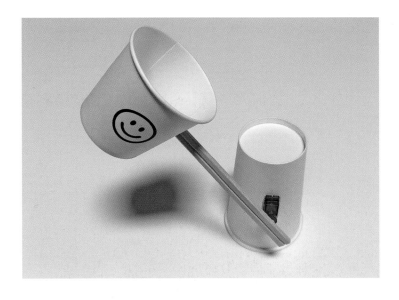

step 3 | 키패드(1번 핀)와 서보모터(2번 핀)의 핀의 위치를 확인한 후 확장 보드에 연결합니다. 망치 룰렛 게임기가 잘 작동하는지 확인합니다.

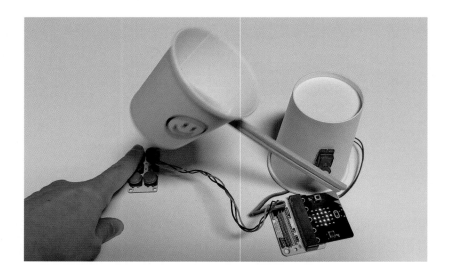

4

운동 알리미
만들기

4.
운동 알리미 만들기

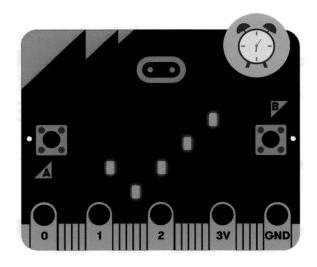

컴퓨터 앞에 오랜 시간 동안 앉아 시선을 집중하고, 긴장 상태에 놓이게 되면 눈이 피로해지고, 목 주변의 통증이 생기게 됩니다.

이번 체험 활동에서는 마이크로비트와 압력 센서를 이용하여 장시간 동안 의자에 앉아 있으면 자동으로 운동 시간을 알려주는 프로그램을 만들어 보도록 하겠습니다.

💡 step 1 | 이번 메이킹을 위해 필요한 외부 장치를 알아봅시다.

• 압력 센서란 무엇일까요?

이번 활동에서 사용하는 주요 재료는 압력 센서입니다. 일반적으로 압력 센서는 여러 개의 얇은 레이어로 구성되어 있습니다. 압력 센서의 외부에서 힘이 가해지면 내부 회로와 전도성 물질이 접촉하는 면적이 넓어져 센서의 저항값이 줄어듭니다. 힘에 따라 변화되는 저항값을 통해 센서에 가해지는 힘의 양을 측정합니다.

• 압력 센서를 연결하는 방법을 알아볼까요?

압력 센서를 작동하기 위해서는 총 3개의 전선이 필요합니다.

> 압력 센서의 VCC(또는 +) ⇔ 확장 보드의 1번 V
> 압력 센서의 GND(또는 −) ⇔ 확장 보드의 1번 G
> 압력 센서의 S ⇔ 확장 보드의 1번 핀

이렇게 하여 압력 센서에 전원을 공급하며, 마이크로비트가 압력 센서로부터 신호를 받을 수 있도록 합니다.

step 2 | 작품을 만드는 방법(알고리즘)을 알아봅시다.

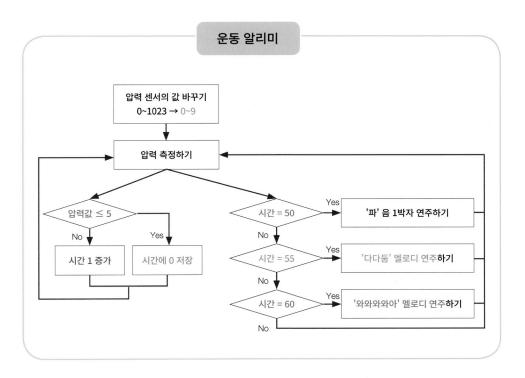

 step 3 | 이번 활동에 필요한 주요 명령 블록을 알아봅시다.

명령 블록	기능
비례 변환(map): 0 최소 0 최대 1023 에서 최소 0 최대 4 범위로 변환한 값	[핀] 카테고리에 있으며, 압력 센서에서 출력되는 0~1023 사이의 숫자를 이해하기 쉬운 간단한 숫자로 변환시켜 줍니다. 이번 활동에서는 압력 센서값 0~1023 사이의 숫자를 0부터 9까지 10단계로 변환하여 사용합니다.
반올림 (round) ▼ 0	[계산] 카테고리에 있으며, 입력된 값을 반올림하여 정수로 변환시켜 줍니다. '비례 변환' 명령 블록을 사용할 경우 변환한 값이 소수로 나오는 경우가 많아 이를 정수로 바꿀 때 사용합니다.

step 1 | makecode 홈페이지(www.makecode.com)에 접속해, 마이크로비트를 선택하고, 새 프로젝트를 선택합니다.

 step 2 | 프로그램에 필요한 변수를 만듭니다.

① 운동 알리미 프로그램을 만들기 위해 2개의 변수가 필요합니다. 필요한 변수와 기능을 정리하면 다음과 같습니다.

변수명	기능
압력	압력 센서의 센서값(0~1023)을 1~9의 자연수 값으로 저장합니다.
시간	1분 간격으로 시간을 저장합니다.

② 운동 알리미에 필요한 변수를 만들기 위해 [변수]-[변수 만들기]를 선택해 다음과 같은 변수들을 만들어 줍니다.

step 3 | '압력' 변수와 '시간' 변수에 0을 저장합니다.

 step 4 | 압력을 측정하는 함수(프로그램)를 만듭니다.

① '함수 만들기'에서 '압력 측정' 함수를 만듭니다.

활동 TIP

함수를 사용하는 이유!

코딩을 할 때 함수를 사용하면 명령 블록을 좀 더 간결하게 만들 수 있습니다. 같은 명령 블록을 여러 번 사용할 때 언제든지 'call' 명령 블록을 사용해 필요한 기능을 실행할 수 있습니다. 또한, 함수를 사용하면 코딩 전체 내용을 알아보기 쉽고, 빨리 이해할 수 있습니다.

② '핀' - '비례 변환' 명령어를 사용하여 압력 센서에서 측정된 값을 0~9 사이의 값으로 변환한 후 '압력' 변수에 저장합니다.

활동 TIP

비례 변환: 어떤 범위에 있는 값을 비례적으로 다른 범위의 값으로 변환합니다. P1의 아날로그 값은 0~1023까지 수로 측정되며, 이를 간단한 숫자로 표현하기 위해 0~9 사이의 값으로 변환합니다. 이때 0~1023의 값을 0~9 사이의 값으로 변환하면 소수로 변환되기 때문에 반올림하여 0~9 사이의 정숫값으로 표현합니다. 압력 센서는 마이크로비트 확장 보드의 1~4번 핀에 연결할 수 있습니다. 'P1의 아날로그 입력값'은 1번 핀에 연결된 압력 센서로부터 입력받은 값을 의미합니다.

③ '압력 측정' 함수로 압력을 0~9 사이의 값으로 측정하는지 확인하기 위해 마이크로비트에 '압력' 변숫값을 표시합니다.

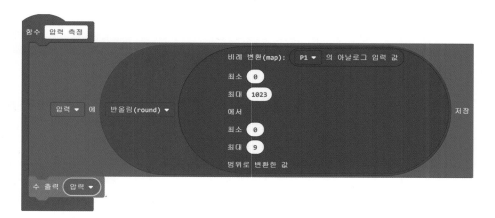

step 5 | 운동할 시간을 알려주는 프로그램을 만듭니다.

① 1분 간격으로 계속해서 압력을 측정합니다.

② 만약 '압력' 변숫값이 5 이하이면 '시간' 변숫값에 0을 저장하고, 5보다 크면 '시간' 변숫값을 1씩 증가시킵니다.

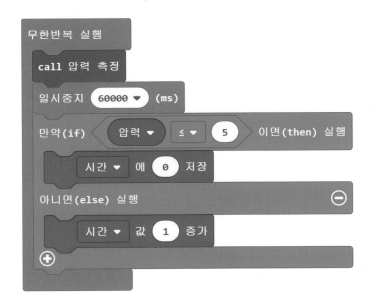

> **활동 TIP**
>
> 일시 중지에 사용되는 시간 단위는 1/1000초(ms)이며, 1초를 입력하기 위해서는 1000을 입력합 니다. 이번 활동에서는 1분(60초) 간격으로 압력을 측정하기 위해 60000을 입력합니다.

③ 만약 '시간' 변숫값이 50이 되면 '파' 음을 1박자 연주합니다.

④ 만약 '시간' 변숫값이 55가 되면 '엔터테이너' 멜로디를 연주하고, 60이 되면 '전주곡' 멜로디를 연주합니다.

step 6 │ 완성된 전체 코드를 확인합니다.
완성된 프로그램을 마이크로비트에 다운받습니다.

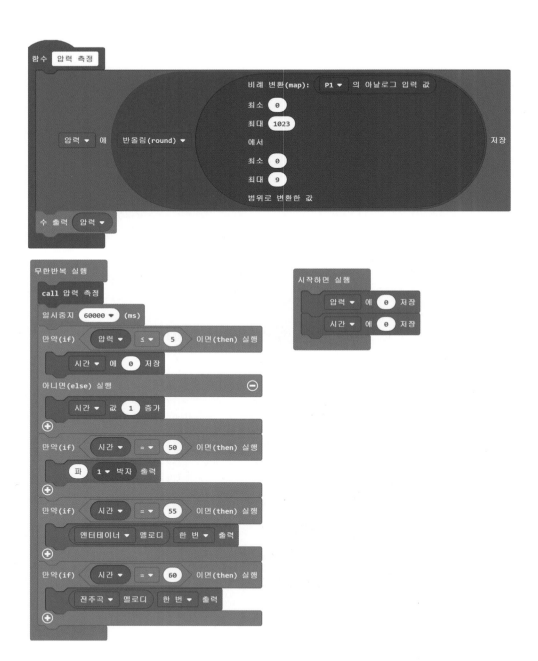

만들기

 step 1 │ 운동 알리미를 만들기 위한 재료를 확인합니다.

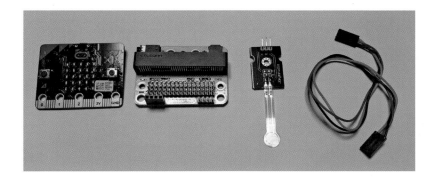

준비물: 마이크로비트, 확장 보드, 압력 센서, 3핀 케이블

 step 2 │ 확장 보드에 마이크로비트를 끼웁니다.

step 3 | 압력 센서의 핀의 위치를 확인한 후 확장 보드의 1번 핀에 압력 센서를 연결합니다.

활동 TIP

압력 센서의 핀은 순서대로 s, +, -로 표시되어 있습니다. 각각 3핀 케이블의 노란색, 빨간색, 검은색 순으로 연결하면 확장 보드에 정확하게 연결하기 편리합니다.

 step 4 | 방석 밑에 압력 센서를 놓고 운동 알리미가 정확하게 작동하는지 확인합니다.

5

거리 감지 피아노 만들기

5.
거리 감지 피아노 만들기

01 살펴보기

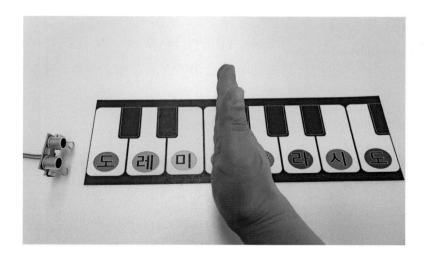

　피아노는 건반을 눌러 아름다운 음을 연주할 수 있습니다. 혹시, 건반이 아닌 다른 방법으로도 피아노를 연주할 수 있지 않을까요? 초음파 센서를 활용한다면 거리에 따른 음을 변화시켜 연주할 수 있는 신기한 피아노를 만들 수 있습니다. 이번 활동에서는 초음파 센서를 활용해서 거리에 따라 해당 음을 출력해 주는 마이크로비트 거리 감지 피아노를 만들어 보겠습니다.

02 디자인하기

💡 **step 1** | 이번 메이킹을 위해 필요한 외부 장치를 알아봅시다.

• 초음파 센서란 무엇일까요?

초음파 센서는 장애물이 있으면 파형이 메아리처럼 전달되어 거리를 측정할 수 있는 센서입니다. 여기서 말하는 파형은 소리입니다. 소리인데 우리가 듣지 못하는 이유는 주파수가 너무 높기 때문에 사람의 귀에는 들리지 않는 것입니다. 장애물이 있으면 그 파형이 메아리처럼 전달되어 거리를 측정할 수 있습니다. 일반적으로 HC-SR04, HC-SR04P, HC-SR04+(위에서 아래 순)를 사용하며, HC-SR04는 5V 전압에서 작동되고, 나머지 두 개는 3V에서도 작동 가능합니다.

• 초음파 센서를 연결하는 방법을 알아볼까요?

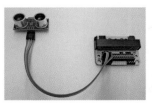

초음파 센서를 작동하기 위해서는 총 3개의 전선이 필요합니다.

> 초음파 센서의 VCC ⇔ 확장 보드의 1번 V
> 초음파 센서의 GND ⇔ 확장 보드의 1번 G
> 초음파 센서의 Trig ⇔ 확장 보드의 1번 핀
> 초음파 센서의 Echo ⇔ 확장 보드의 2번 핀

초음파 센서에서 초음파를 보내는 곳은 Trig, 받는 곳은 Echo입니다. 명령 블록의 Trig, Echo 핀 지정에 따라 꽂는 위치를 달리할 수 있습니다.

step 2 | 작품을 만드는 방법(알고리즘)을 알아봅시다.

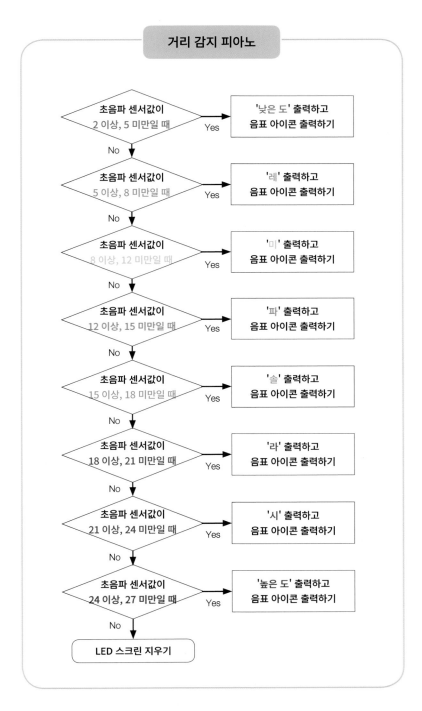

거리 감지 피아노

초음파 센서값이
2 이상, 5 미만일 때 — Yes → '낮은 도' 출력하고
음표 아이콘 출력하기

No ↓

초음파 센서값이
5 이상, 8 미만일 때 — Yes → '레' 출력하고
음표 아이콘 출력하기

No ↓

초음파 센서값이
8 이상, 12 미만일 때 — Yes → '미' 출력하고
음표 아이콘 출력하기

No ↓

초음파 센서값이
12 이상, 15 미만일 때 — Yes → '파' 출력하고
음표 아이콘 출력하기

No ↓

초음파 센서값이
15 이상, 18 미만일 때 — Yes → '솔' 출력하고
음표 아이콘 출력하기

No ↓

초음파 센서값이
18 이상, 21 미만일 때 — Yes → '라' 출력하고
음표 아이콘 출력하기

No ↓

초음파 센서값이
21 이상, 24 미만일 때 — Yes → '시' 출력하고
음표 아이콘 출력하기

No ↓

초음파 센서값이
24 이상, 27 미만일 때 — Yes → '높은 도' 출력하고
음표 아이콘 출력하기

No ↓

LED 스크린 지우기

step 3 | 이번 활동에 필요한 주요 명령 블록을 알아봅시다.

- 초음파 센서를 사용하는데 필요한 Sonar 확장 프로그램 블록

확장 블록	기능
ping trig P0 ▼ echo P1 ▼ unit cm ▼	[고급]-[확장] 카테고리에 있으며, 확장 보드에 연결할 초음파 센서의 핀을 결정하는 명령 블록입니다. 초음파를 출력하는 Trig 핀과 입력받는 Echo 핀을 지정할 수 있습니다. 또한, 측정 값의 단위를 µs, cm, inches로 변경할 수도 있습니다.

- 센서값을 실시간으로 측정하기 위해 필요한 시리얼 통신 블록

시리얼 통신 블록	기능
시리얼통신 전송 : 변수값 " x " = 0	[고급]-[시리얼 통신] 카테고리에 있으며, 마이크로비트와 컴퓨터 간의 데이터를 주고받을 수 있는 명령 블록입니다. '0'에 센서값 블록을 넣어 PC에서 실시간으로 데이터를 확인할 수 있습니다. 단, 시리얼 통신은 마이크로비트와 PC가 페어링되어 있을 때만 작동됩니다.

03 프로그래밍하기

step 1 | makecode 홈페이지(www.makecode.com)에 접속해, 마이크로비트를 선택하고, 새 프로젝트를 선택합니다.

step 2 | 초음파 센서 사용을 위해 필요한 확장 프로그램을 불러와 설정합니다.

① 확장 프로그램을 불러오기 위해 [고급] 카테고리에서 [확장] 카테고리를 클릭합니다.

활동 TIP

확장 프로그램에서는 마이크로비트에서 기본적으로 제어할 수 있는 명령 블록뿐만 아니라 다양한 외부 장치들을 제어할 수 있는 명령 블록을 제공합니다. 마이크로비트와 연결 가능한 다양한 외부 장치와 확장 프로그램을 살펴봅시다.

② 확장 프로그램 중 [sonar]를 선택하고, 명령 블록 카테고리에 [sonar] 명령 카
테고리가 만들어졌는지 확인합니다.

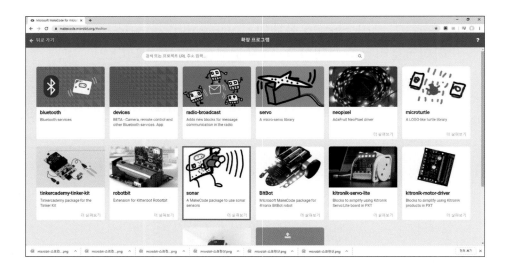

③ '초음파'라는 변수를 생성하고 그 변숫값을 초음파 센서값으로 설정해 줍
니다. 아래의 블록은 초음파 센서의 Trig를 확장 보드의 1번 핀에 연결하고,
Echo를 2번 핀에 연결하여 센서값을 측정하겠다는 명령입니다.

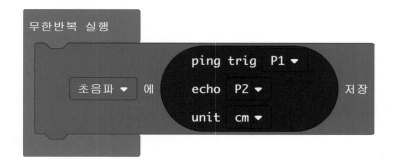

 step 3 | 시리얼 통신 블록을 이용하여 센서값을 실시간으로 측정합니다.

① [설정]-[장치 페어링]에서 마이크로비트와 PC 간 페어링을 합니다. 단, 마이크로비트에 설치된 펌웨어가 '0249버전' 이상일 때만 페어링이 가능합니다. 페어링이 안 될 경우에는 펌웨어 업데이트가 필요합니다.

활동 TIP

페어링은 마이크로비트에 설치된 펌웨어가 '0249버전' 이상일 경우에만 가능합니다. 내 마이크로비트의 펌웨어 확인은 [내 컴퓨터]-[MICROBIT]-[DETAILS] 경로에서 확인할 수 있습니다.

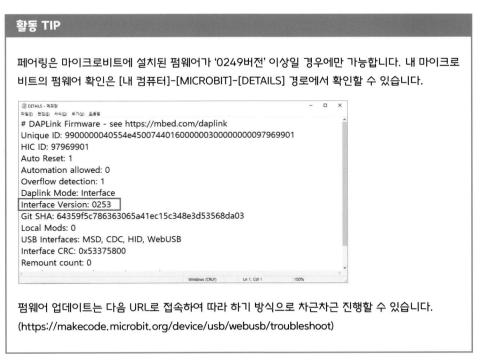

펌웨어 업데이트는 다음 URL로 접속하여 따라 하기 방식으로 차근차근 진행할 수 있습니다.
(https://makecode.microbit.org/device/usb/webusb/troubleshoot)

② [시리얼통신 전송] 블록을 가져와 [시리얼통신 전송:변수값]에 [초음파] 변숫값 블록을 넣어줍니다. "X"라는 텍스트도 변경 가능합니다. 단, 영문으로 입력해 주어야 텍스트가 깨지지 않고 확인할 수 있습니다.

③ [다운로드] 아이콘을 클릭해서 코드를 마이크로비트에 내려받습니다. 페어링된 상태에서는 마이크로비트로 명령 코드를 바로 내려받을 수 있습니다.

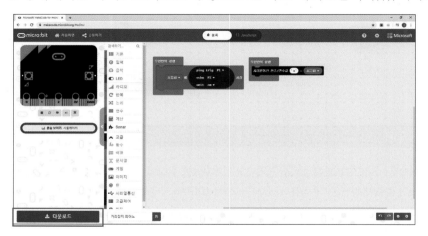

④ [콘솔 보이기 장치 구성] 아이콘을 클릭합니다. ③번 단계를 반드시 진행해야만 [콘솔 보이기 시뮬레이터] 아이콘이 생성됩니다.

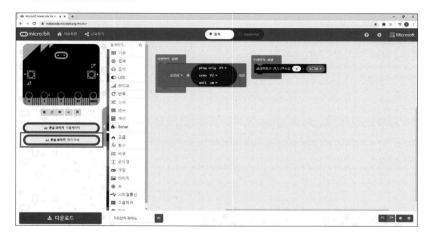

⑤ 실시간으로 초음파 센서값의 변화를 측정할 수 있습니다. 그래프 형식, 수치의 형태로 살펴볼 수 있고, 우측 상단의 [내려받기] 아이콘을 클릭하여 스프레드시트 파일로도 확인할 수 있습니다.

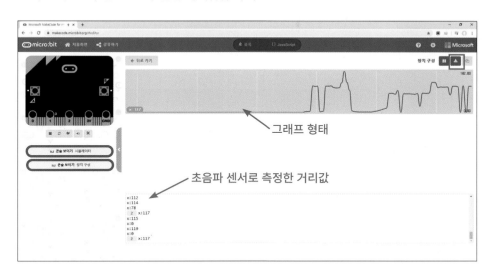

 step 4 │ **거리값에 따른 서로 다른 음이 출력될 수 있도록 코딩합니다.**

① '초음파' 변수 값이 2(cm)보다 크거나 같고(이상), 5(cm)보다 작을(미만) 때도 음계가 1/2박자 연주될 수 있도록 코딩합니다. 또, 음표 아이콘일 출력될 수 있도록 해당 블록을 가져와 연결해 줍니다.

② 이전 단계에서 설정한 조건값에 해당하지 않을 경우, 마이크로비트의 LED 스크린을 지울 수 있도록 코딩합니다.

③ ⊕ 아이콘을 클릭해 다른 조건값을 추가할 수 있도록 설정합니다. else if는 이미 설정한 조건이 아니면서 또 다른 조건에 속할 때 해당 명령을 실행할 수 있도록 코딩할 수 있습니다.

④ 또 다른 조건으로 '초음파' 변숫값이 5cm 이상, 8cm 미만일 때, '레' 음을 출력하고 음표가 출력될 수 있도록 코딩합니다.

⑤ 동일한 방식으로 거리에 따른 해당 음과 음표가 출력될 수 있도록 위와 같이 코딩합니다. 초음파 거리 설정값은 예시로, 피아노 출력물의 크기와 초음파 센서와의 거리에 따라 설정값이 달라질 수 있습니다.

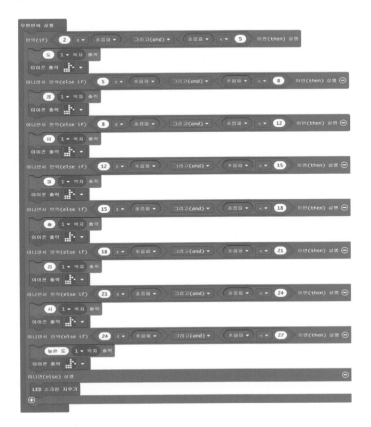

step 5 | 완성된 전체 코드를 확인합니다.

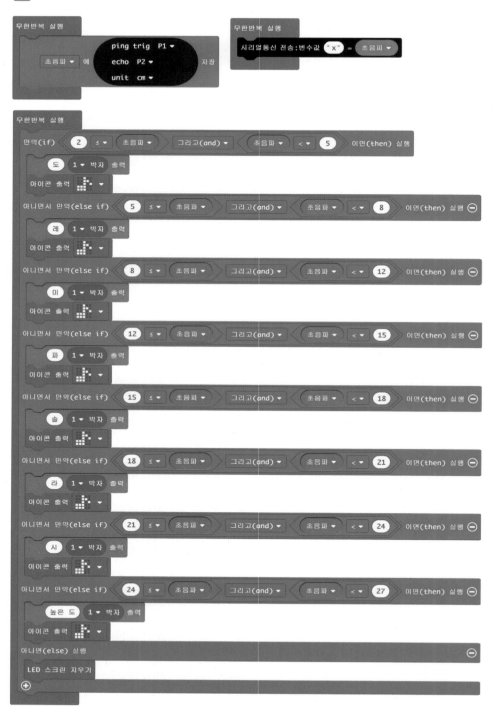

step 1 | **거리 감지 피아노를 만들기 위한 재료를 확인합니다.**

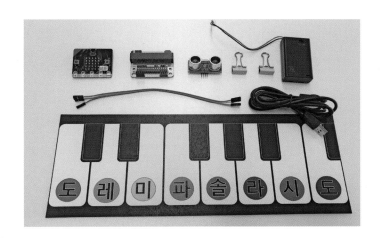

준비물: 피아노 출력물, 마이크로비트, 확장 보드, 초음파 센서, 집게, 배터리 홀더(건전지 포함), 마이크로 5핀 케이블, 점퍼선(F-F)

 step 2 | **준비물로 작품을 만들어 봅니다.**

① 집게 2개를 이용하여 초음파 센서가 피아노 출력물을 향해 세워질 수 있도록 합니다.

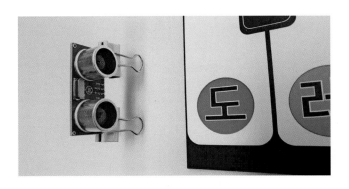

② 마이크로비트를 확장 보드에 끼우고 점퍼선을 이용하여 초음파 센서를 확장 보드에 연결합니다. 연결 방법은 '디자인하기 - step1'를 참고합니다.

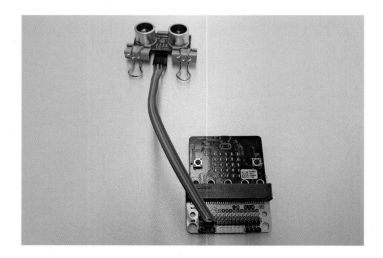

③ 배터리 홀더에 건전지를 끼우고 스위치를 켠 후, 마이크로비트에 연결하여 전원이 들어오는지 확인합니다.

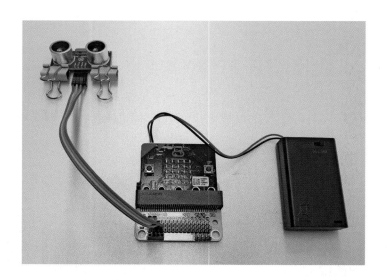

④ 피아노 출력물과 이전 단계에서 연결한 마이크로비트 및 외부 장치를 사진과 같이 일렬로 배치합니다.

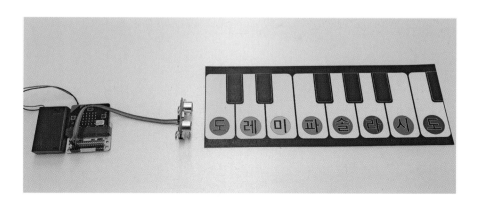

 step 3 | **거리 감지 피아노가 잘 작동하는지 확인합니다.**

① 직접 손으로 '거리 감지 피아노'를 연주해 봅니다. 만약 거리값에 따른 해당 음이 출력되지 않을 경우에는 설정한 조건값을 변경하여 다시 연주해 봅니다. 잘 작동이 된다면 다양한 동요를 직접 연주해 봅시다.

6

복도 안전 지킴이
만들기

활동 목표
- 여러 개의 서보모터를 이용해 복도 안전 지킴이를 만들 수 있다.
- 사람을 감지할 때, 서보모터와 LED가 작동되는 프로그램을 만들 수 있다.

6.
복도 안전 지킴이 만들기

01 살펴보기

　복도나 좁은 공간을 지나가다 사람 또는 사물에 부딪힌 경험은 누구든 한 번쯤은 있을 겁니다.

　이번 활동에서는 안전사고를 예방하기 위하여 SW 코딩 기반 복도 안전 지킴이 인형을 만들어 보겠습니다. 귀엽게 움직이는 동작으로 웃음을 짓게 만드는 부가적인 기능도 기대해 봅니다.

💡 step 1 | 이번 메이킹을 위해 필요한 외부 장치를 알아봅시다.

• 서보모터란 무엇일까요?

 구동을 위한 모터로는 DC모터와 서보모터를 주로 사용합니다. DC모터는 일반적인 회전만 가능하지만, 서보모터는 각도 조절을 할 수 있는 특징이 있습니다. 0도~180도까지 조절 가능한 서보모터, 안정적인 작동을 위한 메탈 기어 서보모터, 360도 회전이 가능한 무한 서보모터 등 다양한 종류가 있습니다. 이번 시간에는 0도~180도까지 조절 가능한 일반 서보모터(SG-90)를 사용합니다.

• LED란 무엇일까요?

 LED(Light-Emitting Diode)는 발광 다이오드라고 불리고, 전기가 통하면 빛을 출력하는 장치입니다. 전류가 흐르면 발열로 빛을 출력하는 일반 전구와는 달리 반도체를 통해 빛을 출력합니다. 밝기가 밝고 전력 소모가 적으며 오랫동안 사용할 수 있다는 장점을 갖고 있습니다. 이와 같은 LED는 아날로그값을 이용하여 빛의 밝기를 조절할 수 있고, 디지털값을 이용해서 점멸도 제어할 수 있습니다.

• LED를 연결하는 방법을 알아볼까요?

```
    LED의 VCC ⇔ 확장 보드의 1번 V
    LED의 GND ⇔ 확장 보드의 1번 G
 LED의 Signal ⇔ 확장 보드의 1번 핀
```

step 2 │ **설계도를 통해 작동 원리를 살펴봅시다.**

① 초음파 센서로 사람을 감지했을 때, 두 개의 서보모터를 움직여 고개와 손으로 반갑게 인사해 줍니다. 또, LED를 점멸시켜 눈을 깜박이는 효과도 추가해 줍니다.

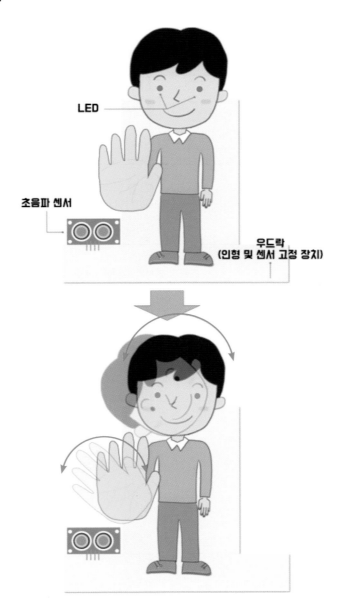

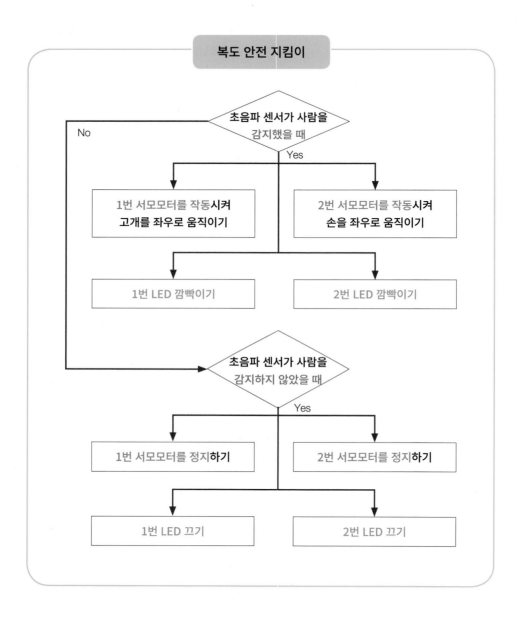

step 4 | 이번 활동에 필요한 주요 명령 블록을 알아봅시다.

• 서보모터를 작동시키기 위해 필요한 핀 블록

핀 블록	기능
P1 ▼ 에 서보 값 0 출력 P2 ▼ 에 서보 값 0 출력	[고급]-[핀] 카테고리에 있으며, 서보모터의 각도를 제어할 수 있는 명령 블록입니다. 이번 활동에서 사용하는 서보모터는 0도~180도까지 각도를 제어할 수 있습니다. 입력하는 숫자값을 각도로 받아들여 작동하게 됩니다. 마이크로비트는 서보모터 3개 정도까지 작동시킬 수 있습니다.

• LED를 제어하기 위해 필요한 핀 블록

핀 블록	기능
P5 ▼ 에 디지털 값 0 출력 P5 ▼ 에 디지털 값 1 출력	[고급]-[핀] 카테고리에 있으며, 확장 보드에 LED를 연결했을 때 출력을 제어할 수 있는 명령 블록입니다. 이번 시간에는 점멸을 주로 사용하기 때문에 디지털 신호를 이용하지만, 아날로그 신호값을 이용하여 밝기도 조절할 수 있습니다.

활동 TIP

아날로그 신호는 디지털 신호와 달리 시간에 따라 연속적인 값으로 표시하게 됩니다. 반면 디지털 신호는 0과 1로 표현할 수 있는 신호를 의미하고 그 값이 불연속적입니다. 가령 LED를 디지털값을 '0'으로 설정하면 꺼지게 되고, '1'로 설정하면 켜지게 됩니다.

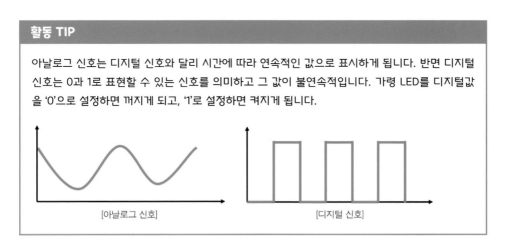

[아날로그 신호]　　　　　[디지털 신호]

step 1 | makecode 홈페이지(www.makecode.com)에 접속해, 마이크로비트를 선택하고, 새 프로젝트를 선택합니다.

 step 2 | 서보모터를 초기화하기 위한 코드를 작성합니다.

① 두 개의 서보모터를 각각 확장 보드의 1번에 2번에 연결했을 때를 가정해서 1번, 2번 서보모터의 값을 각각 '0'으로 출력시킵니다. 이 코드에 의해 처음 시작했을 때 서보모터는 0° 자리로 돌아옵니다.

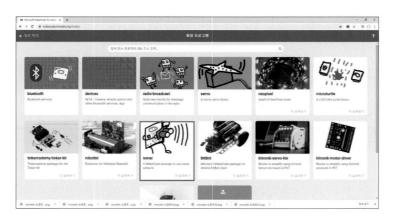

 step 3 | 초음파 센서 사용을 위해 필요한 확장 프로그램을 불러와 설정합니다.

① [고급]-[확장] 카테고리의 확장 프로그램에서 sonar를 클릭하여 초음파 센서 확장 프로그램을 불러옵니다. 또, 외부 장치와 연결할 수 있는 다양한 확장 프로그램을 살펴봅시다.

② '초음파'라는 변수를 생성하고 그 변숫값을 초음파 센서값으로 설정해 줍니다. 아래의 명령 블록은 초음파 센서의 Trig를 확장 보드의 3번 핀에 연결하고, Echo를 4번 핀에 연결하여 센서값을 측정하겠다는 명령입니다. 초음파 센서에 대한 자세한 내용은 '거리 감지 피아노' 챕터에서 확인해 봅시다.

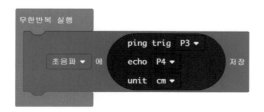

활동 TIP

초음파 센서를 실시간 통신이 아닌 마이크로비트의 LED 스크린으로 확인하고 싶을 때는 다음과 같은 코드를 추가하여 실시간으로 볼 수 있습니다. 하지만 마이크로비트의 특성상 출력 숫자가 한 자리를 넘어갈 경우, 스크롤되기 때문에 그 동안의 수치 변화를 확인할 수 없는 단점도 있습니다.

활동 TIP

자바스크립트 블록 에디터에서는 [무한반복 실행] 블록이 여러 개 있어도 모두 작동이 가능합니다. 복잡하지 않게끔 [무한반복 실행] 블록을 여러 개 사용하는 것도 처음 코딩을 할 때는 도움이 될 수 있습니다. 단, [시작하면 실행]이나 [A를 누르면 실행]과 같은 블록은 여러 개를 동시에 사용할 수 없음을 주의합니다.

step 4 | 서보모터를 작동시키기 위한 코드를 작성합니다.

① 사람이 가까이 왔을 때를 초음파 센서가 감지해서 서보모터 2개를 작동시킬
수 있도록 코딩합니다. 초음파 센서값이 '5보다 크다'라는 조건은 초음파 센
서의 종류에 따라 측정값이 '0'으로 떨어질 때가 있어 이를 방지하기 위한 조
건 값 설정입니다.

```
무한반복 실행
    만약(if)  5  < ▼  초음파 ▼    그리고(and) ▼   초음파 ▼  < ▼  30    이면(then) 실행
        P1 ▼  에 디지털 값  30  출력
        P2 ▼  에 디지털 값  60  출력
    아니면(else) 실행                                                    ⊖
    ⊕
```

② 서보모터가 좌우로 움직여 인형이 작동하는 동작을 볼 수 있도록 각각의 서
보모터 출력값을 제어할 수 있는 블록을 추가합니다. 이때 서보모터가 좌우
로 움직이는 시간적 여유를 두기 위해 '1000ms(1초)'를 일시 중지하는 명령
블록을 삽입합니다.

```
무한반복 실행
    만약(if)  5  < ▼  초음파 ▼    그리고(and) ▼   초음파 ▼  < ▼  30    이면(then) 실행
        P1 ▼  에 디지털 값  30  출력
        P2 ▼  에 디지털 값  60  출력
    일시중지  1000 ▼  (ms)
        P1 ▼  에 디지털 값  150  출력
        P2 ▼  에 디지털 값  120  출력
    일시중지  1000 ▼  (ms)
    아니면(else) 실행                                                    ⊖
    ⊕
```

위 코드는 한 개의 서보모터는 인형의 고개를 좌우로 작동시키고, 나머지는 손을 좌우로 작동하게 합니다. 따라서 고개는 좌우로 움직이는 각도를 작게 하고 손은 이에 비해 좀 더 크게 설정합니다.

③ 초음파 센서가 사람을 감지하지 않았을 때는 서보모터가 움직이지 않도록 각각의 서보값에 '0'을 출력해 줍니다.

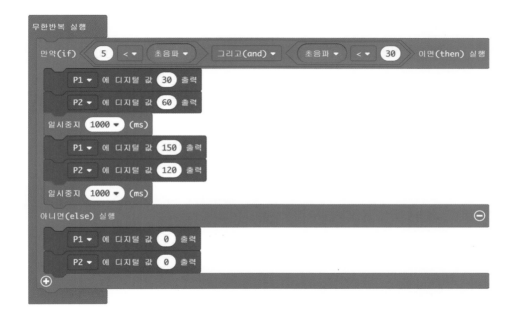

모터를 안정적으로 작동시키거나 여러 개의 모터를 작동하기 위해서는 '모터 드라이버 확장 보드' 를 사용하는 것이 좋습니다.

④ LED를 제어할 수 있는 명령 블록을 추가합니다. 디지털 값 '1' 출력은 LED를 켜지게 하고 '0' 출력은 꺼지게 할 수 있습니다. 따라서 사람을 감지했을 때 두개의 LED가 깜빡이게 되고, 그렇지 않을 때에는 꺼지게 됩니다.

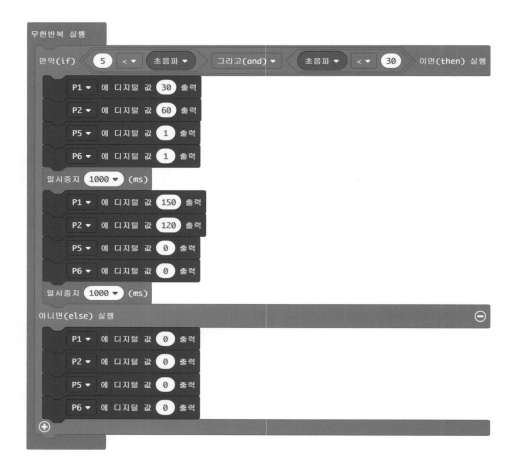

step 5 | 완성된 전체 코드를 확인합니다.

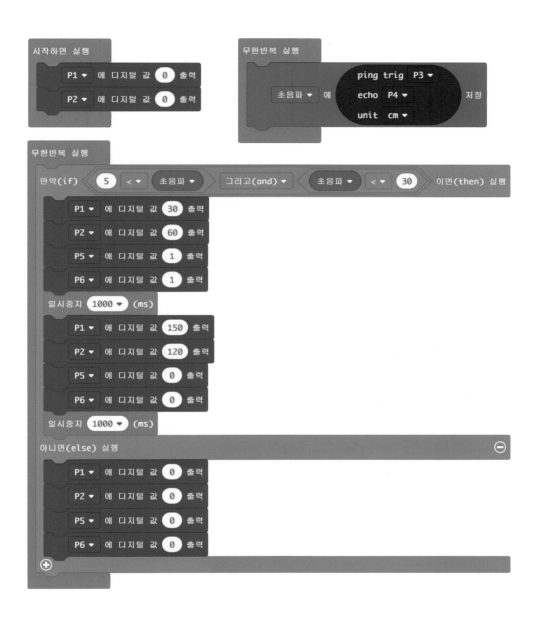

04 **만들기**

 step 1 | 복도 안전 지킴이를 만들기 위한 재료를 확인합니다.

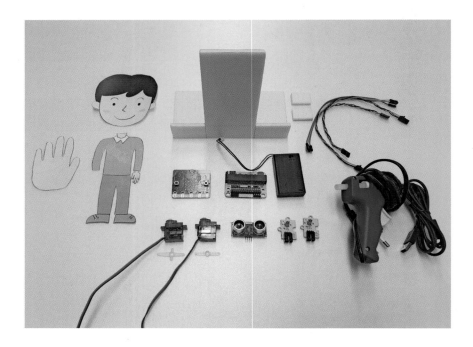

준비물: 인형 출력물, 우드록(재단), 마이크로비트, 확장 보드, 초음파 센서, LED, 서보모터, 서보모터 혼, 배터리 홀더(건전지 포함), 마이크로 5핀 케이블, 점퍼선, 글루건

step 2 | 준비물로 작품을 만들어 봅니다.

① 재단된 우드록을 글루건을 이용해 고정합니다. 고정한 두 개의 우드락 조각
은 서보모터의 지지대로 사용합니다.

② 지지대에 서보모터를 고정합니다.

③ 초음파 센서도 고정해 줍니다.

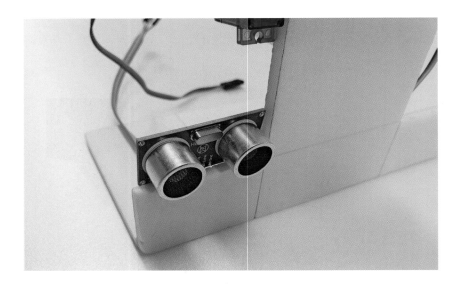

④ 얼굴과 손 출력물을 글루건을 이용해 서보모터 혼과 고정해 줍니다.

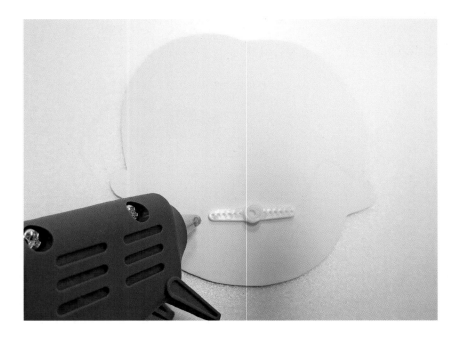

⑤ 얼굴 출력물 눈 부분에 두 개의 LED를 각각 끼워 줍니다.

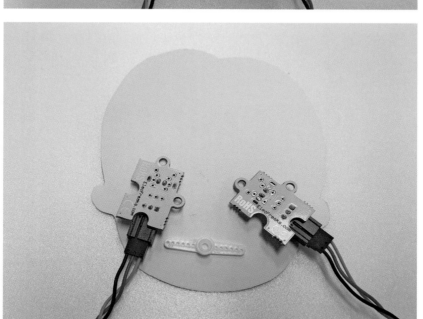

⑥ 얼굴, 손, 몸 출력물을 재단한 우드록에 붙여 줍니다.

⑦ 센서와 확장 보드를 코드의 핀 번호에 알맞게 연결해서 작품을 완성합니다.

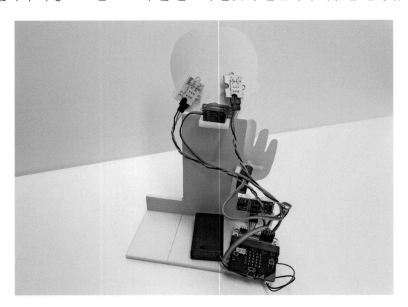

 step 3 | 복도 안전 지킴이가 잘 작동하는지 확인합니다.

7

나만의 전자기타
만들기

활동 목표   • 확장 보드의 간단한 회로 구성을 이해하고, 이를 통해 나만의 전자기타를 만들 수 있다.

            • 아날로그 입력값을 이용해 음이 출력되는 프로그램을 만들 수 있다.

7.
나만의 전자기타 만들기

01 살펴보기

피아노, 기타, 바이올린 등 악기를 배우기를 원하는 어린이가 많습니다. 하지만 비싼 가격 때문에 모든 악기를 다 구매해서 연주해볼 수는 없습니다. 그렇다면 스스로 악기를 만들어서 연주해 볼 수는 없을까요?

마이크로비트를 이용해 가벼운 터치로도 작동이 되는 나만의 전자기타를 만들어 봅시다.

step 1 | 이번 메이킹을 위해 필요한 외부 장치를 알아봅시다.

• 구리 테이프란 무엇일까요?

구리 테이프는 전기 전도성 테이프로, 접착이 가능하도록 구성되어 있습니다. 전기 전도성이란 전기가 물체 속을 이동하는 성질을 의미하며 전기가 통하기 때문에 메이킹을 위한 도구로 많이 사용되고 있습니다. 이 구리 테이프는 접점 연결, 전자제품 전기회로 구성 및 악기 등 전기 전도성이 필요한 곳에 주로 활용됩니다. 이번 활동에서는 전기가 흐르는 이 테이프의 성질을 이용해 메이킹을 진행합니다.

• 점퍼선의 종류에 대해 알아볼까요?

점퍼선은 각종 보드와 센서, 모듈 등을 편리하게 연결해 주는 도구입니다. 점퍼선은 선의 끝 모양을 보고 핀이 돌출되어 있으면 Male, 꽂게 되어 있으면 Female이라고 말합니다. 그림 상의 좌측에서 우측 순으로 점퍼선(M-M), 점퍼선(M-F), 점퍼선(F-F)로 구분할 수 있습니다. 센서의 핀 유무나 확장 보드의 형태에 따라 구분해서 사용합니다.

• 점퍼선을 연결하는 방법을 알아볼까요?

> 1번 점퍼선(M-F)의 F ⇔ 확장 보드의 1번 핀
> 2번 점퍼선(M-F)의 F ⇔ 확장 보드의 2번 핀
> 3번 점퍼선(M-F)의 F ⇔ 확장 보드의 3번 핀
> 4번 점퍼선(M-F)의 F ⇔ 확장 보드의 1번 G

step 2 | 설계도를 통해 작동 원리를 살펴봅시다.

① 마이크로비트에서 전류를 감지했을 때를 핀이 연결되었다고 판단해서 설정한 소리가 출력되는 원리를 이용해 가벼운 터치로도 작동이 됩니다.

 step 3 | 작품을 만드는 방법(알고리즘)을 알아봅시다.

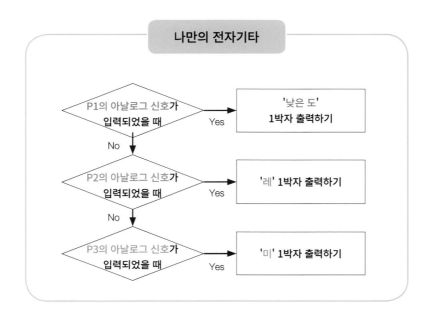

step 4 | 이번 활동에 필요한 주요 명령 블록을 알아봅시다.

• 전기 신호를 감지하기 위해 필요한 핀 블록

핀 블록	기능
(P1 ▼) 의 아날로그 입력 값 (P2 ▼) 의 아날로그 입력 값 (P3 ▼) 의 아날로그 입력 값	[고급]-[핀] 카테고리에 있으며, 각 핀의 아날로그 입력값을 확인하는 명령 블록입니다. 아날로그 신호는 시간에 따라 연속적인 값으로 표시하게 됩니다. 전기 흐름의 세기를 아날로그 입력값으로 확인할 수 있습니다. 가령 저항이 높은 경우와 그렇지 않은 경우를 아날로그 입력값으로 확인해서, 각 조건에 해당하는 명령을 수행할 수 있도록 도와줍니다.

03 프로그래밍하기

 step 1 | makecode 홈페이지(www.makecode.com)에 접속해, 마이크로비트를 선택하고, 새 프로젝트를 선택합니다.

 step 2 | 아날로그 입력값을 확인하기 위한 코드를 작성합니다.

① P1, P2, P3에 연결된 전도성 도구의 전기 흐름값을 확인하기 위해 각 핀의 아날로그 입력값을 불러옵니다. 만약 떨어져 있는 두 개의 구리 테이프를 손으로 잡았을 때, 사람의 손에 의해 전기가 흐르기 때문에 아날로그 입력값이 변하게 될 것입니다. 페어링한 후 코드 다운로드를 통해 그 값을 직접 확인해 봅시다.

 step 3 | 아날로그 입력값에 따라 음이 다르게 출력되도록 합니다.

① 각 핀의 아날로그 입력값이 일정 수치보다 작을 경우 해당 음이 출력될 수 있도록 코딩합니다. 이때 입력 수치는 상황에 따라 다를 수 있으므로 이전 단계에서 직접 측정한 값을 입력해 줍니다.

블록을 [아니면서 만약(else if)]으로 쓴 이유는 각 조건
에 따른 음 출력을 명확하게 하기 위해서입니다. 예를
들어, [만약] 블록을 세 개 사용해서 각 조건에 따른 음
출력을 이뤄지게 코드를 구성했다면, 세 개의 조건을
동시에 만족했을 때 버그가 발생할 수 있습니다. 따라
서 각 조건에 적합할 때만 해당 명령이 작동될 수 있도
록 이 명령 블록 사용을 권장합니다.

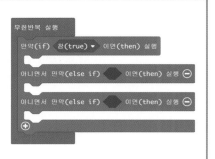

 step 4 | 완성된 전체 코드를 확인합니다.

04 만들기

step 1 │ 나만의 전자기타를 만들기 위한 재료를 확인합니다.

준비물: 전자기타 출력물, 마이크로비트, 확장 보드, 배터리 홀더(건전지 포함),
구리 테이프, 마이크로 5핀 케이블, 점퍼선(M-F), 집게 달린 전선, 글루건

활동 TIP

구리 테이프의 한쪽 면은 접착이 가능하게 제작되어 있습니다. 이 접착이 가능한 면을 전자기타
출력물에 붙입니다. 집게 달린 전선은 색과 구분 없이 사용 가능하지만, 확장 보드의 Signal에 연
결할 선과 Gnd에 연결할 선을 구분 짓기 위해 빨강 3개, 검정 1개의 선을 사용합니다.

step 2 | **준비물로 작품을 만들어 봅니다.**

① 구리 테이프를 전자기타 출력물에 부착합니다. 남은 부분을 출력물의 뒤쪽
   으로 구부려 집게 달린 전선을 연결할 수 있도록 해둡니다.

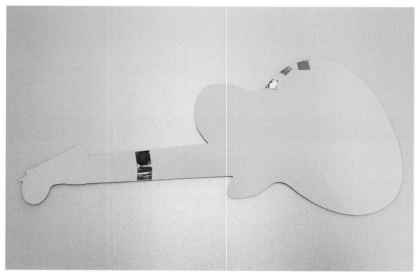

② 확장 보드에 마이크로비트를 꽂고 확장 보드의 1번 핀, 2번 핀, 3번 핀에 점
퍼선을 꽂습니다. 확장 보드의 4번 G에도 점퍼선을 하나 꽂아둡니다.

③ 확장 보드에 꽂은 점퍼선의 반대쪽에 집게 달린 전선을 연결합니다.

④ 구리 테이프에 집게 달린 전선을 연결합니다. 확장 보드의 G와 연결된 집게 달린 전선은 전자기타의 앞쪽 부분에 연결하고, 나머지는 차례대로 위쪽 구리 테이프에 연결해 줍니다.

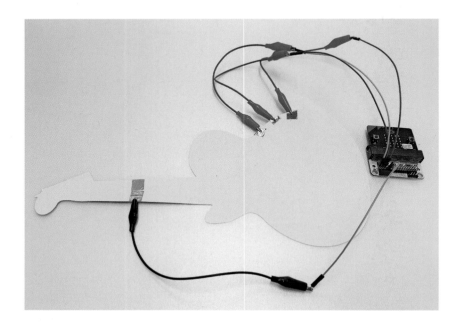

활동 TIP

확장 보드의 Gnd에서 나온 선을 하나만 연결한 이유는 무엇일까요? 확장 보드의 P1, P2, P3에서 나온 선과 각각 매칭시키기 위해서 Gnd에서도 역시 3개의 선이 연결되어야 하는 건 아닐까요?
확장 보드의 Vcc와 Gnd는 구분 없이 사용 가능합니다. 같은 라인 어디에 꽂아도 같은 역할을 수행한다고 볼 수 있습니다. 즉, 각 핀에서 나온 전류가 하나의 Gnd에 연결되더라도 아날로그 입력값을 측정하는데 문제가 없기 때문에 간단한 회로 구성을 위해 선 하나만 연결해서 사용합니다.

⑤ 선을 정리하고 글루건을 이용해 전자기타 출력물에 고정해 줍니다.

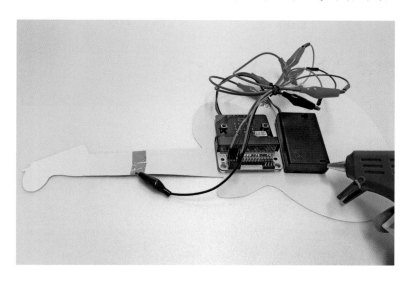

 step 3 | **나만의 전자기타가 잘 작동하는지 확인합니다.**

⑥ 작품을 완성하고 연주를 해봅니다. 만약 음이 잘 출력되지 않는다면 설정한 아날로그값을 변경하여 다시 연주해 봅니다. 잘 작동이 된다면 다양한 동요를 직접 연주해 봅시다.

8

아크릴 램프
만들기

활동 목표 ● 네오픽셀 LED를 이용해 아크릴 램프를 만들 수 있다.
● 네오픽셀 LED의 색깔과 밝기를 조절하는 프로그램을 만들 수 있다.

8.
아크릴 램프 만들기

01 살펴보기

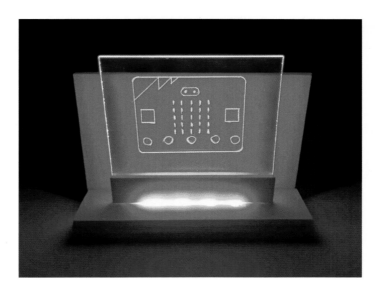

어두운 밤에 주변을 살펴보기 위해 우리는 조그만 램프를 사용합니다.

이번 활동에서는 어두운 밤에 은은한 불빛으로 우리를 안전하게 지켜주는 아크릴 램프를 만들어 보겠습니다. 일곱 빛깔 무지개색을 선택할 수 있고, 아크릴 램프를 놓는 장소에 따라 밝기를 조절할 수 있도록 프로그래밍을 해 보겠습니다.

💡 step 1 | 이번 메이킹을 위해 필요한 외부 장치를 알아봅시다.

• 네오픽셀 LED란 무엇일까요?

화려한 네온사인과 전광판을 보신 적이 있나요? 이러한 장치 뒤에는 수많은 칩이 각각의 조명을 제어하기 위해 설치되어 있습니다. 기존에는 LED를 제어하기 위해 많은 제어 장치와 이를 연결하는 전선이 필요하였지만 네오픽셀 LED는 단 3개의 전선으로 원하는 만큼의 많은 LED를 제어할 수 있습니다. 즉, 한 번에 수많은 LED의 색깔과 밝기를 동시에 조절할 수 있습니다.

• 네오픽셀 LED를 연결하는 방법을 알아볼까요?

네오픽셀 LED를 작동하기 위해서는 총 3개의 전선이 필요합니다.

> 네오픽셀 LED의 VCC ⇔ 확장 보드의 1번 V
> 네오픽셀 LED의 GND ⇔ 확장 보드의 1번 G
> 네오픽셀 LED의 S(또는 Din) ⇔ 확장 보드의 1번 핀

이렇게 하여 네오픽셀 LED에 전원을 공급하며, 마이크로비트가 네오픽셀 LED에 신호를 전송하여 LED의 색깔과 밝기를 조절할 수 있습니다.

step 2 | 작품을 만드는 방법(알고리즘)을 알아봅시다.

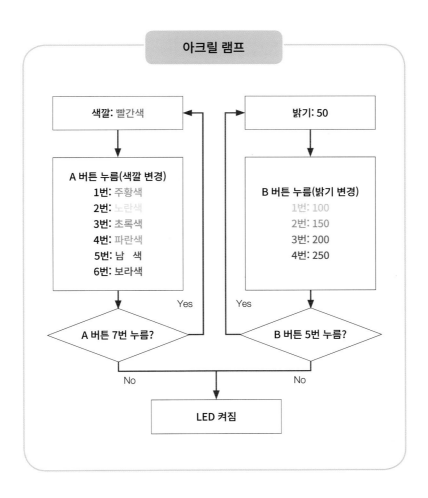

step 3 | **이번 활동에 필요한 주요 명령 블록을 알아봅시다.**

• 네오픽셀 LED를 작동시키기 위해 필요한 확장 블록

확장 블록	strip ▼ 에 NeoPixel at pin P0 ▼ with 24 leds as RGB (GRB format) ▼ 저장
기능	네오픽셀 LED를 사용하기 위해서는 확장 프로그램에서 네오픽셀을 선택해 명령 블록을 추가해야 합니다. 확장 보드에 따라 네오픽셀의 D핀을 연결하는 위치를 선택할 수 있고, 네오픽셀 LED의 개수를 입력하여 사용할 수 있습니다. 이번 활동에서 사용하는 마이크로비트 확장 보드에는 16개의 출력 핀이 있어서 핀 설정을 P1~P16까지 선택할 수 있으며, LED는 4개를 사용합니다.

핀 블록	기능
strip ▼ show strip ▼ clear	네오픽셀 LED를 켜고 끌 수 있습니다. 네오픽셀 LED의 색깔이나 밝기 등을 변경하는 명령 블록을 사용한 후에 반드시 strip ▼ show 명령 블록을 사용해야 합니다. 모든 네오픽셀 LED를 끄기 위해서는 strip ▼ clear 명령 블록을 사용해야 합니다.
strip ▼ show color red ▼	모든 네오픽셀 LED의 색깔을 지정할 수 있습니다. 빨, 주, 노, 초, 파, 남, 보 7가지 색깔에 자주색, 흰색, 검은색 등 10가지의 색깔을 지정할 수 있습니다.
strip ▼ set brightness 255	모든 네오픽셀 LED의 밝기를 지정할 수 있습니다. 0부터 255까지의 밝기를 입력할 수 있습니다.

활동 TIP	

네오픽셀 LED 각각의 색깔을 지정할 수 있습니다. 네오픽셀 명령 블럭에서 [… 더보기]를 선택하면 특정 위치에 있는 LED의 색깔을 지정할 수 있으며, 10가지의 색깔뿐만 아니라 1,600만 개가 넘는 색깔을 지정할 수 있습니다.

03 프로그래밍하기

 step 1 | makecode 홈페이지(www.makecode.com)에 접속해, 마이크로비트를 선택하고, 새 프로젝트를 선택합니다.

 step 2 | 프로그램에 필요한 변수를 만듭니다.

① 아크릴 램프를 만들기 위해 2개의 변수가 필요합니다. 필요한 변수와 기능을 정리하면 다음과 같습니다.

변수명	기능
색깔	아크릴 램프의 색깔을 7가지 무지개색으로 저장합니다.
밝기	아크릴 램프의 밝기를 50, 100, 150, 200, 250, 모두 5개의 값으로 저장합니다.

② 아크릴 램프에 필요한 변수를 만들기 위해 [변수]-[변수 만들기]를 선택해 다음과 같은 변수들을 만들어 줍니다.

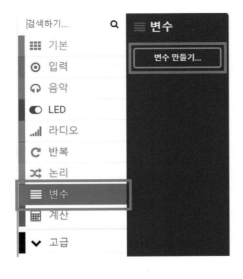  

step 3 | 네오픽셀 LED를 사용하기 위해 필요한 확장 프로그램을 불러와 설정합니다. ([확장] 선택 후 검색창에 'neopixel' 입력)

 step 4 | 네오픽셀 LED를 사용하기 위한 기본 설정을 합니다.

① 네오픽셀 LED는 확장 보드의 1번 핀에 연결하며, 총 4개의 LED를 사용합니다.

② LED의 색깔과 밝기를 변경시키기 위해 '색깔'과 '밝기' 변수에 각각 0과 50으로 저장합니다.

step 5 | A 버튼으로 네오픽셀 LED의 색깔을 변경하기 위한 명령 블록을 입력합니다.

① A 버튼을 누를 때마다 '색깔' 변숫값을 1씩 증가시킵니다.

② 만약 '색깔' 변숫값이 6보다 커지면 '색깔' 변숫값을 0으로 정해서 '색깔' 변숫값이 6보다 더 큰 수가 되지 않도록 합니다.

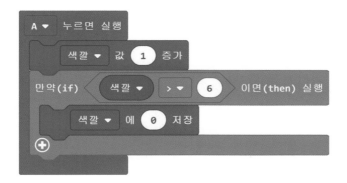

활동 TIP

아크릴 램프에서 선택할 수 있는 색깔은 7가지입니다. '색깔' 변수의 숫자에 색깔을 하나씩 지정하여 아크릴 램프의 색깔을 변경하도록 합니다. 따라서 '색깔' 변수는 0~6까지의 숫자만 될 수 있습니다.

step 6 │ B 버튼으로 네오픽셀 LED의 밝기를 변경하기 위한 명령 블록을 입력합니다.

① B 버튼을 누를 때마다 '밝기' 변숫값을 50씩 증가시킵니다.

② 만약 '밝기' 변수가 250보다 커지면 '밝기' 변숫값을 50으로 정해서 '밝기' 변수가 255보다 더 큰 수가 되지 않도록 합니다.

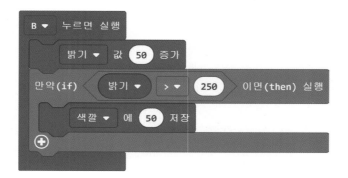

> **활동 TIP**
>
> 네오픽셀 LED의 최대 밝기는 255입니다. 밝기값을 255보다 큰 수를 입력해도 LED는 더 밝아지지 않고 최대 밝기를 유지합니다.

step 7 | '색깔' 변수와 '밝기' 변수의 값에 따라 네오픽셀 LED를 변경 하기 위한 명령 블록을 입력합니다.

① 만약 '색깔' 변숫값이 0이면 LED의 색깔을 빨간색으로 정합니다.

② 1번 항목의 명령 블록을 복사하여 '색깔' 변수가 1~6일 때의 색깔을 지정합니다.

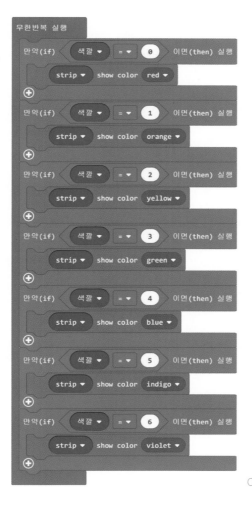

③ LED의 밝기를 '밝기' 변숫값으로 설정한 후 LED를 켭니다.

step 8 | 완성된 전체 코드를 확인합니다. 완성된 프로그램을 마이크 로비트에 다운받습니다.

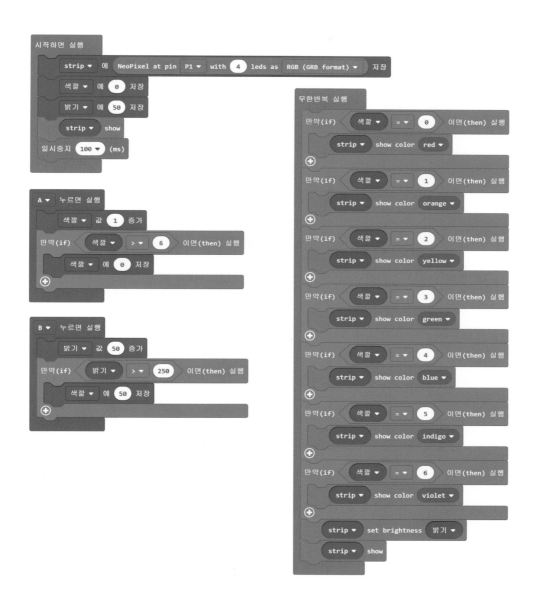

💡 step 1 | 아크릴 램프를 만들기 위한 재료를 확인합니다.

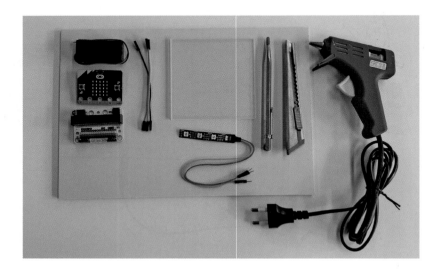

준비물: 마이크로비트, 확장 보드, 배터리 홀더(건전지 포함), 점퍼선 3개, 투명
아크릴(10*10cm), 네오픽셀 LED, 철필, 칼, 글루건, 폼보드

활동 TIP	
투명 아크릴은 가로, 세로 모두 10cm이며 두께는 3mm입니다. 사용하는 곳에 맞게 투명 아크릴의 크기는 좀 더 크게 하거나 작게 주문하여 활용합니다. 투명 아크릴의 크기에 맞게 폼보드로 아크릴 램프의 틀을 제작합니다. 폼보드 대신 우드록을 사용하여 제작해도 괜찮습니다.	

① 칼과 자를 이용하여 폼보드를 크기에 따라 자릅니다.

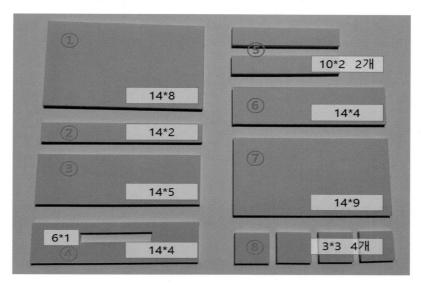

활동 TIP

폼보드를 자를 때는 반드시 커팅 매트를 바닥에 깔고 칼과 자를 이용합니다. 폼보드를 한 번에 자르려고 무리하게 힘을 주면 다칠 수 있습니다. 2~3회 칼질을 하여 안전하게 폼보드를 자르도록 합니다.

② 1번~4번 폼보드 조각으로 네오픽셀 LED가 들어갈 수 있도록 아크릴 램프의 밑판을 조립합니다.

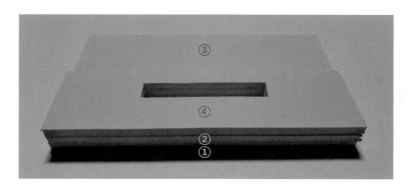

③ 5번 조각으로 아크릴이 삽입될 수 있도록 조립합니다.

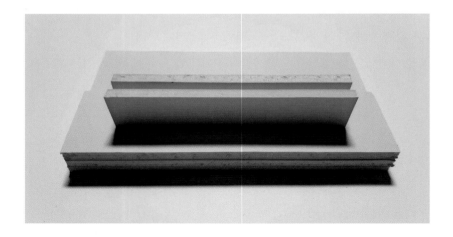

활동 TIP

5번 조각을 조립할 때는 사이에 투명 아크릴을 끼워서 투명 아크릴이 흔들리지 않도록 간격을 좁혀서 조립합니다.

④ 6번~8번 조각으로 마이크로비트, 확장 보드, 배터리 홀더가 들어갈 곳을 조립합니다.

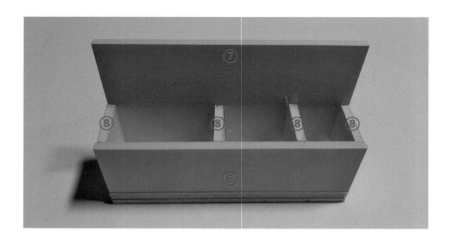

⑤ 네오픽셀 LED를 마이크로비트의 핀 번호에 맞게 끼운 후 아크릴 램프 틀에
맞게 설치합니다.

 step 3 | **투명 아크릴에 나만의 무늬를 새깁니다.**

① 투명 아크릴에 덮힌 보호 비닐을 떼어냅니다.

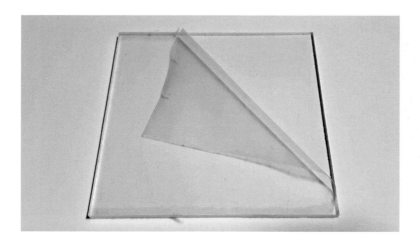

② 투명 아크릴의 밑에 내가 원하는 무늬의 도안을 놓습니다. 철필로 조심스럽게 도안을 따라 투명 아크릴을 긁어냅니다.

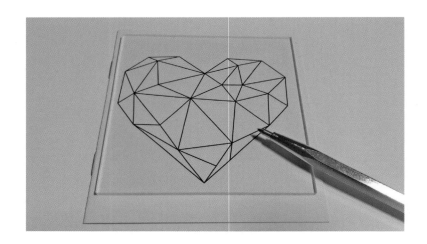

 step 4 | **투명 아크릴을 아크릴 램프 틀에 끼워 정확하게 작동하는지 확인합니다.**

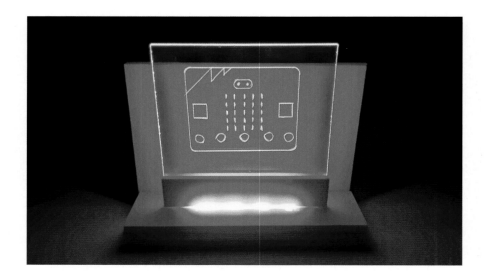

9

자동 타깃 만들기

활동 목표
- 빛 센서와 서보모터를 이용하여 자동 타깃을 만들 수 있다.
- 자동 타깃의 작동 원리와 알고리즘을 이해할 수 있다.

9.
자동 타깃 만들기

01 살펴보기

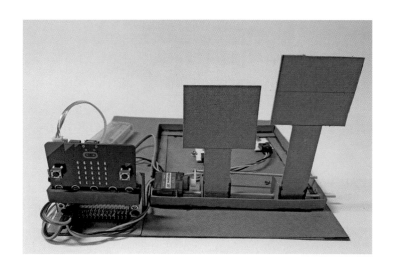

친구들과 과녁 맞히기 놀이를 해본 적이 있나요? 과녁 맞히기 놀이에서 가장 불편한 점은 쓰러진 과녁을 매번 세우는 것입니다.

이번 프로젝트에서는 과녁 맞히기 놀이의 불편한 점을 해결할 수 있는 자동 타깃을 만들어 보겠습니다.

💡 **step 1 | 이번 메이킹을 위해 필요한 외부 장치를 알아봅시다.**

• 빛 센서는 무엇일까요?

빛 센서는 빛의 세기에 따라 저항값이 바뀌어 흐르는 전류의 양을 변화하게 하는 센서입니다. 빛 센서에는 황화카드뮴(Cds)이라는 재료가 사용됩니다.

빛 센서의 지그재그로 된 주황색 부분이 빛의 양을 측정하여 빛의 양이 많아지면 저항값이 작아지고, 많은 전류가 흐르게 됩니다. 반대로 빛의 양이 적어지면 저항값이 커지고, 전류가 적게 흐르게 됩니다.

마이크로비트에서 빛 센서의 값은 0~1023까지 표현됩니다.

• 빛 센서는 어떻게 연결할까요?

이번 프로젝트에 빛 센서는 2개 사용됩니다. 그 연결은 다음과 같습니다.

1번 빛 센서의 VCC ⇔ 확장 보드의 1번 V
1번 빛 센서의 GND ⇔ 확장 보드의 1번 G
1번 빛 센서의 Signal ⇔ 확장 보드의 1번 핀
2번 빛 센서의 VCC ⇔ 확장 보드의 2번 V
2번 빛 센서의 GND ⇔ 확장 보드의 2번 G
2번 빛 센서의 Signal ⇔ 확장 보드의 3번 핀

• 또 무엇이 필요할까요?

이번 프로젝트에 빛 센서 말고도 서보모터 1개가 더 필요하며, 연결은 다음과 같습니다.

서보 모터의 VCC ⇔ 확장 보드의 3번 V
1번 빛 센서의 GND ⇔ 확장 보드의 3번 G
1번 빛 센서의 Signal ⇔ 확장 보드의 3번 핀

 step 2 | 설계도를 통해 작동 원리를 살펴봅시다.

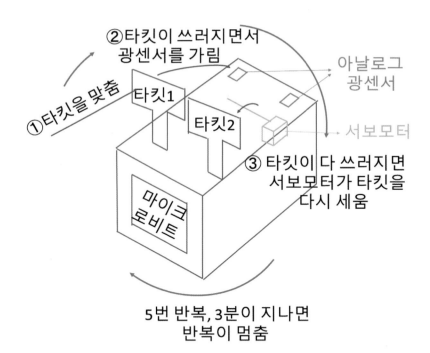

step 3 | 작품을 만드는 방법(알고리즘)을 알아봅시다.

〈시작했을 때〉

| 점수에 0 저장 |
| 횟수에 0 저장 |
| 시간에 0 저장 |

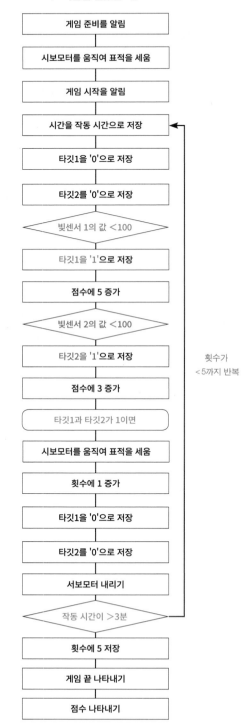

〈A 버튼을 눌렀을 때〉

| 게임 준비를 알림 |
| 시보모터를 움직여 표적을 세움 |
| 게임 시작을 알림 |
| 시간을 작동 시간으로 저장 |
| 타깃1을 '0'으로 저장 |
| 타깃2를 '0'으로 저장 |
| 빛센서 1의 값 <100 |
| 타깃1을 '1'으로 저장 |
| 점수에 5 증가 |
| 빛센서 2의 값 <100 |
| 타깃2을 '1'으로 저장 |
| 점수에 3 증가 |
| 타깃1과 타깃2가 1이면 |
| 시보모터를 움직여 표적을 세움 |
| 횟수에 1 증가 |
| 타깃1을 '0'으로 저장 |
| 타깃2를 '0'으로 저장 |
| 서보모터 내리기 |
| 작동 시간이 >3분 |
| 횟수에 5 저장 |
| 게임 끝 나타내기 |
| 점수 나타내기 |

횟수가
<5까지 반복

step 4 | 이번 활동에 필요한 주요 명령 블록을 알아봅시다.

입력 블록	기능
작동시간(ms)	프로그램이 실행된 후 흐른 시간을 밀리초 단위로 측정합니다.

계산 블록	기능
반올림(round) ▼ 0	소수점 이하의 수를 어림하여 줍니다.

활동 TIP

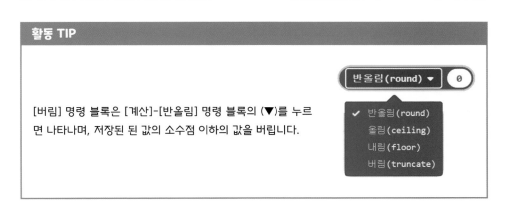

[버림] 명령 블록은 [계산]-[반올림] 명령 블록의 (▼)를 누르면 나타나며, 저장된 된 값의 소수점 이하의 값을 버립니다.

step 1 | makecode 홈페이지(www.makecode.com)에 접속해, 마이크로비트를 선택하고, 새 프로젝트를 선택합니다.

 step 2 | 프로그램에 필요한 변수를 만듭니다.

① 자동 타깃을 만들기 위해서는 변수가 필요합니다. 필요한 변수와 기능을 정리하면 다음과 같습니다.

변수명	기능
타깃1	표적지 1번이 넘어졌는지 확인합니다. 넘어지면 1을, 넘어지지 않으면 0이 저장됩니다.
타깃2	표적지 2번이 넘어졌는지 확인합니다. 넘어지면 1을, 넘어지지 않으면 0이 저장됩니다.
시간	자동 타겟이 작동된 시간을 저장합니다.
횟수	타깃이 둘 다 쓰러진 횟수를 측정합니다.
점수	타깃을 쓰러트렸을 때 점수값을 증가합니다. 타깃 1번은 5점, 타깃 2번은 3점이 증가됩니다.

② 프로그램에 필요한 변수를 만들기 위해 [변수]-[변수만들기]를 선택해 다음과 같은 변수들을 만들어 줍니다.

step 3 | 자동 타깃에 필요한 점수, 횟수 시간, 서보모터 값을 설정합니다.

① 타깃이 쓰러졌을 때 점수를 계산하고, 쓰러진 횟수와 작동 시간을 저장하기 위해 [변수]-[( )에 ( )저장] 명령 블록을 이용해 변수의 값을 '0'으로 초기화합니다.

② 서보모터의 작동을 위해 [고급]-[핀]-[( )에 서보값( ) 출력] 명령 블록을 이용해 서보모터의 각도를 '0'으로 초기화합니다.

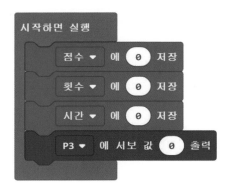

step 4 | A 버튼을 눌렀을 때 표적이 올라오고 게임 준비를 알리도록 합니다.

① [기본]-[문자열 출력( )] 명령 블록을 이용해 "Game Ready"를 출력하고, 표적지를 세우기 위해 [고급]-[핀]-[( )에 서보값( ) 출력] 명령 블록을 이용해 서보값을 '140'에서 → '0'으로 변화시킵니다.

활동 TIP

[( )에 서보값( ) 출력] 명령 블록을 사용해 서보모터를 작동할 때는 [일시정지] 명령 블록을 이용해 서보모터가 움직이는 시간을 지정해 주어야 합니다.

 step 5 | 게임 시작을 알리고 정해진 시간 안에 표적이 5번 올라오고 점수를 기록합니다.

① [기본]-[문자열 출력( )] 명령 블록을 이용해 "Game Start"를 출력합니다.

② [반복]-[반복:( )인 동안] 명령 블록과, [논리]-[비교연산] 블록을 사용해 자동
타깃의 횟수를 5번으로 정합니다. [변수]-[( )에 ( )저장] 명령 블록을 이용해
타깃 1, 2 변수의 값을 '0'으로 초기화시킵니다.

활동 TIP

타깃 변수의 경우 표적지가 넘어진 것을 감지하는 변수라 표적지가 넘어지면 '0'을 표적지가 세워
지면 '1'의 값을 계속 반복해서 저장해야 합니다. 그래서 프로그램 시작에 변수를 초기화시키지 않
고 반복 명령 블록 안에서 초기화시킵니다.

③ [변수]-[( )에 ( )저장], [계산]-[버림( )], [계산]-[( )나누기( )], [입력]-[더보
기]-[작동 시간(ms)] 명령 블록을 이용해 자동 타깃이 시작된 시간을 저장
합니다.

[작동시간] 명령 블록의 경우 시간을 ms 단위로 저장됩니다(1000ms=1ch).
우리가 사용하는 초 단위로 시간을 나타내기 위해서는 측정된 시간에서 1000을 나누어 주어야 합
니다. 1000을 나누어 주면 소수점 단위의 수가 나오기 때문에 어림하여 정숫값으로 바꾸어 주어
야 합니다.

③ 표적1과 2가 쓰러지면 쓰러졌다는 것을 알리기 위해 [기본]-[문자열 출력( )]
명령 블록을 이용해 'v' 출력하고 [변수]-[( )에 ( )저장] 명령 블록을 이용해
타깃 1, 2 변수에 '1'을 저장합니다. 또 표적 1일 쓰러지면 점수를 5점 추가하
고, 표적 2번이 쓰러지면 점수를 3점 추가합니다.

④ 표적 1,2가 다 쓰러지면 서보머터를 이용해 표적을 다시 세우고, 타깃 1,2의 변수에 0을 저장합니다. 그리고 횟수 변수를 1 증가시켜 줍니다.

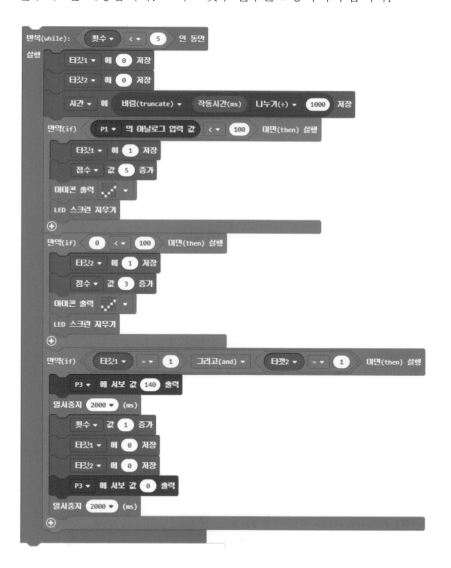

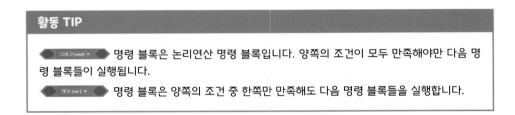
 step 6 | 정해진 횟수 말고도 제한 시간이 지나면 자동 타깃의 작동이 끝나도록 합니다.

반복(while): 횟수 ▼ < ▼ 5 인 동안
실행
  타깃1 ▼ 에 0 저장
  타깃2 ▼ 에 0 저장
  시간 ▼ 에 버림(truncate) ▼ 작동시간(ms) 나누기(÷) ▼ 1000 저장
  만약(if) P1 ▼ 의 아날로그 입력 값 < ▼ 100 이면(then) 실행
    타깃1 ▼ 에 1 저장
    점수 ▼ 값 5 증가
    아이콘 출력 ⠿
    LED 스크린 지우기
  ⊕
  만약(if) 0 < ▼ 100 이면(then) 실행
    타깃2 ▼ 에 1 저장
    점수 ▼ 값 3 증가
    아이콘 출력 ⠿
    LED 스크린 지우기
  ⊕
  만약(if) 타깃1 ▼ = ▼ 1 그리고(and) ▼ 타킷2 ▼ = ▼ 1 이면(then) 실행
    P3 ▼ 에 서보 값 140 출력
    일시중지 2000 ▼ (ms)
    횟수 ▼ 값 1 증가
    타깃1 ▼ 에 0 저장
    타깃2 ▼ 에 0 저장
    P3 ▼ 에 서보 값 0 출력
    일시중지 2000 ▼ (ms)
  ⊕
  만약(if) 시간 ▼ > ▼ 180 이면(then) 실행
    횟수 ▼ 에 5 저장
  ⊕

step 7 │ 자동 타깃의 정해진 횟수 또는 시간이 지나면 'Game Over' 라는 문구가 지나고 횟득한 점수가 보이도록 합니다.

 step 8 │ 자동 타깃의 전체 코드는 다음과 같습니다.

04 만들기

 step 1 | **자동 타깃을 만들기 위한 재료를 확인합니다.**

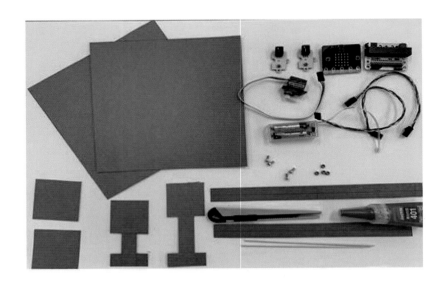

준비물: 마이크로비트, 확장 보드, 배터리 홀더(건전지 포함), 점퍼선 2개, 빛 감지 센서 2개, 서보모터 1개, 20cm×20cm 크래프트지 2장, 타깃 도안 2장, 6cm×6cm 크래프트지 2장, 2cm×25cm 크래프트지 1장, 2cm×28cm 크래프트지 1장, 산적꼬치 2개(15cm), M3 볼드 및 너트 각 6개 칼, 록타이트

> **활동 TIP**
>
> 자동 타깃을 만들 때는 크래프트지라는 두꺼운 종이를 사용합니다. 종이가 두껍기 때문에 필요한 용도로 종이를 자를 때 여러 번 칼을 사용하여 자르도록 합니다. 확장 보드와 센서는 볼트와 너트를 사용해 고정합니다. 볼트의 크기는 3mm(구경)×6mm(길이)이고, 너트는 3mm입니다.

step 2 | **크래프트지로 자동 타깃 틀을 제작하고, 확장 보드, 서보모터, 센서를 설치합니다.**

① 6cm×6cm 크래프트지의 밑변에서 2cm 되는 곳에 직선을 긋고 접고 두 장을 서로 마주 보게 붙여 ㄴ 모양이 되도록 해 줍니다.

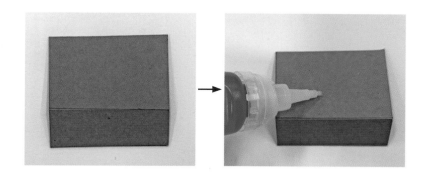

② 송곳을 이용해 마이크로비트의 확장 보드를 부착할 수 있는 구멍을 뚫고, 볼트와 나사를 이용해 마이크로비트를 부착해 줍니다.

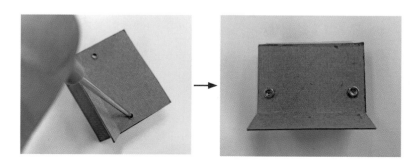

③ 마이크로비트를 부착한 크래프트지를 20cm×20cm 크래프지에 부착해 주세요.

④ 타깃을 모양대로 자르고, 파란색 동그라미 부분을 송곳을 이용해 구멍을 뚫
   어줍니다.

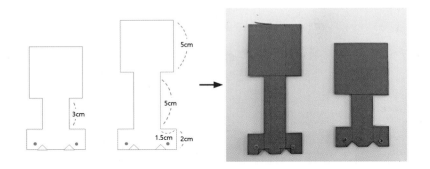

⑤ 타깃의 날개 부분을 접어 주고 록타이트를 접어지는 부분에 발라 고정될 수
   있도록 합니다.

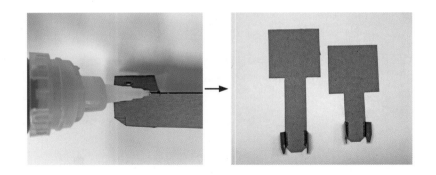

⑥ 다음 도안을 접어 사각형 틀을 만들어 20cm×20cm 크래프지에 부착합니다.
   (파란색 원은 송곳을 이용해 구멍을 뚫어 주세요.)

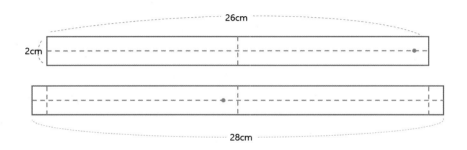

⑦ 표적지가 쓰러질 위치를 감안 하여 빛 센서의 위치를 잡고 빛 센서를 사각 틀 안에 볼트와 너트를 이용해 부착하고, 점프선을 정리해 줍니다.

⑧ 산적꽂이를 이용해 사각 틀 안에 타깃을 결합합니다.

⑨ 산적꽂이를 9cm 길이로 자르고, 서보모터에 꽂아 줍니다.

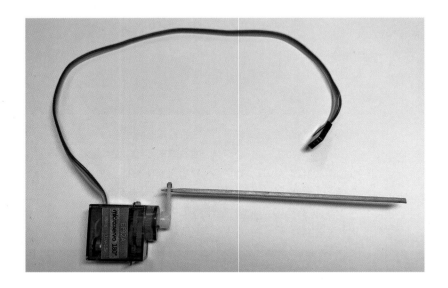

⑩ 서보모터를 사각 틀의 표적 뒤쪽에 붙여 줍니다.

활동 TIP

접착하는 과정에서 록타이트를 사용하는데 접착제의 냄새 때문에 머리가 어지러울 수 있습니다.
록타이트를 쓸 때는 창문을 열어 꼭 환기를 할 수 있도록 합니다.

step 3 | 전원을 켜고 잘 작동하는지 테스트해 봅시다.

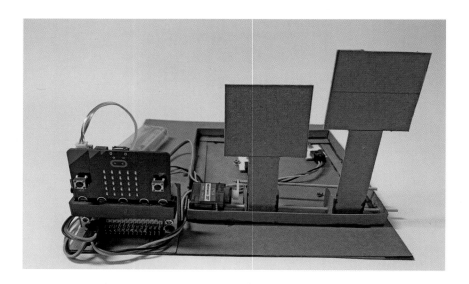

활동 TIP

서보모터가 의도한 대로 움직이지 않는다면 빛 센서의 값을 확인해 보세요. 빛 센서의 경우 환경에 따라 값이 달라지기 때문에 환경이 바뀌는 경우에는 빛 센서값을 확인할 필요가 있습니다.

10

미아 방지 목걸이 만들기

활동 목표
- 마이크로비트를 이용하여 미아 방지 목걸이를 만들 수 있다.
- 마이크로비트의 라디오 통신과 수신 강도를 활용하는 프로그램을 만들 수 있다.

10.
미아 방지 목걸이 만들기

01 살펴보기

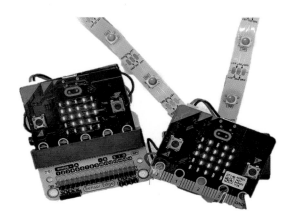

아이가 길을 잃었을 때엔 아이도, 부모나 선생님 등의 보호자들도 당황하긴 마찬가지입니다. 이러한 안타까운 상황을 방지하기 위해 아이가 길을 잃었을 때 보호자와 연락을 취할 수 있도록 보호자의 연락처를 적거나 새긴 목걸이를 '미아 방지 목걸이'라고 합니다.

이번 체험 활동에서는 마이크로비트의 라디오 기능을 이용하여 두 마이크로비트의 거리가 일정 거리 이상 멀어졌을 때 신호를 알리는 장치를 만들어 보도록 하겠습니다.

step 1 | 작동 원리를 살펴봅시다.

① 두 마이크로비트 사이의 수신 강도를 체크하여 거리가 가까울 때에는 교사
용 마이크로비트에서 하트 아이콘이 출력됩니다.

② 두 마이크로비트 사이의 거리가 멀어지면 교사용 마이크로비트에서 소리와
함께 화난 표정 아이콘이 출력됩니다. 이때 학생용 마이크로비트의 A버튼을
누르면 보호자 연락처가 출력됩니다.

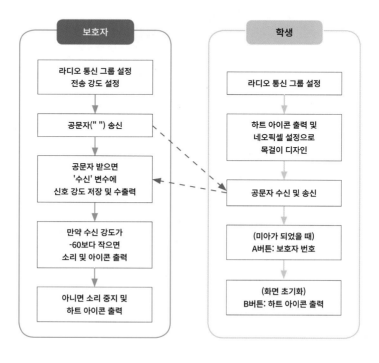

 step 2 | 작품을 만드는 방법(알고리즘)을 알아봅시다.

보호자	학생
라디오 통신 그룹 설정 전송 강도 설정	라디오 통신 그룹 설정
공문자(" ") 송신	하트 아이콘 출력 및 네오픽셀 설정으로 목걸이 디자인
공문자 받으면 '수신' 변수에 신호 강도 저장 및 수출력	공문자 수신 및 송신
만약 수신 강도가 -60보다 작으면 소리 및 아이콘 출력	(미아가 되었을 때) A버튼: 보호자 번호
아니면 소리 중지 및 하트 아이콘 출력	(화면 초기화) B버튼: 하트 아이콘 출력

step 3 | 이번 활동에 필요한 주요 명령 블록을 알아봅시다.

명령 블록	기능
수 출력 0	[기본] 카테고리에 있으며 입력한 숫자가 LED 스크린에 출력됩니다.
모든 ▼ 중지	[음악] 카테고리에 있으며 멜로디를 중지합니다.
라디오 전송 강도를 2 로 설정	[라디오] 카테고리에 있으며 라디오 전송 강도를 설정합니다.
라디오 전송:문자열	[라디오] 카테고리에 있으며 그룹으로 연결된 마이크로비트에 라디오 통신을 이용해 원하는 문자를 전송합니다.
라디오 수신하면 실행: receivedString	[라디오] 카테고리에 있으며 어떤 라디오 신호를 수신했을 때 아래의 명령 블록을 실행합니다.
수신된 패킷의 신호 강도 ▼	[라디오] 카테고리에 있으며 수신된 패킷의 신호 강도를 체크합니다.

03 프로그래밍하기

 step 1 | makecode 홈페이지(www.makecode.com)에 접속해, 마이크로비트를 선택하고, 새 프로젝트를 선택합니다.

step 2 | **프로그램에 필요한 변수를 만듭니다.**

① 미아 방지 목걸이를 만들기 위해 1개의 변수가 필요합니다. 필요한 변수와 기능을 정리하면 다음과 같습니다.

변수명	기능
수신	라디오 전송 강도를 저장합니다.

② 미아 방지 목걸이에 필요한 변수를 만들기 위해 [변수]-[변수 만들기]를 선택 해 다음과 같은 변수들을 만들어 줍니다.

step 3 | (보호자용) 보호자의 라디오 통신 그룹을 설정하고 전송 강도를 설정합니다.

① [시작하면 실행] 블록 내부에 [라디오] - [라디오 그룹을 '1'로 설정] 블록을 추가합니다.

② [시작하면 실행] 블록 내부에 [라디오] - [더 보기] - [라디오 전송 강도를 '7'로 설정] 블록을 추가하고 숫자를 '2'로 변경합니다.

 step 4 | (보호자용) 수신 변수에 신호 강도를 저장합니다.

① [변수] - [수신에 0 저장] 블록을 [라디오] - [라디오 수신하면 실행: received-String] 블록 내부에 추가합니다.

② [라디오] - [수신된 패킷의 신호 강도] 블록을 변수 블록 '0' 자리에 추가합니다.

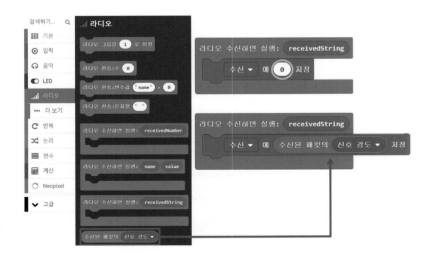

 step 5 | (보호자용) 학생용 마이크로비트로 공문자를 보내고 두 마이크로비트 간의 신호 강도를 LED 화면에 출력할 수 있도록 설정합니다.

① 보호자용 마이크로비트에서 계속해서 학생용 마이크로비트로 신호를 보낼 수 있도록 [라디오] - [라디오 전송: 문자열] 블록을 [무한반복 실행] 블록 내부에 추가합니다.

② 보호자용 마이크로비트 LED 화면에서 수신 강도를 숫자로 볼 수 있도록 하기 위해 [기본] - [수 출력] 블록을 기존 블록 아래에 추가하고 숫자 자리에 변수 '수신'을 추가합니다.

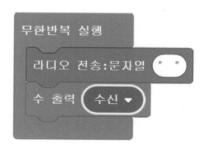

활동 TIP

학부모용 마이크로비트에서 학생용 마이크로비트로 신호를 전송하기 위해 공문자를 보내는 방법이 있습니다. 문자열란을 비워두면 공문자가 전송되는 것입니다.

 step 6 | (보호자용) 보호자용과 학생용 마이크로비트 간의 거리가 멀어져서 신호 강도가 약해지면 위험을 알리는 소리와 아이콘이 출력되도록 설정합니다.

① [만약(if) '참'이면(then) 실행/아니면(else) 실행] 블록을 [무한반복 실행] 블록 아래에 추가합니다.
② '참(true)' 자리에 [0 〈 0] 블록 추가합니다.

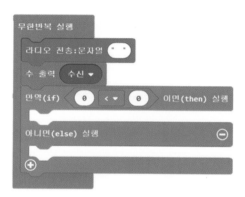

③ [0 〈 0] 블록 왼쪽에 '수신' 변수를 추가합니다.

④ [0 〈 0] 블록 오른쪽에 '-60' 숫자를 입력합니다.

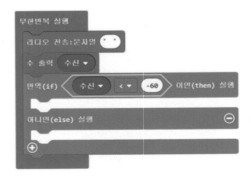

⑤ 보호자용 마이크로비트와 학생용 마이크로비트가 일정 거리 이상 떨어져 신호 강도가 약해지면 경고음과 경고 아이콘이 출력될 수 있도록 [음악] - [다다움 멜로디 한 번 출력] 블록을 [만약(if) '참'이면(then) 실행] 블록 내부에 추가합니다.

⑥ 경고음이 무한출력될 수 있도록 [한 번▼]을 눌러 [무한]으로 바꿉니다.

⑦ [아이콘 출력] 블록을 넣고 화난 얼굴을 선택합니다.

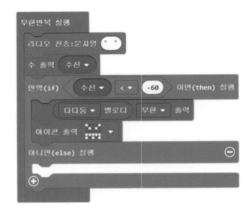

⑧ 보호자용 마이크로비트와 학생용 마이크로비트가 다시 가까워져 신호 강도
가 다시 세지면 경고음이 멈추고 하트 아이콘이 출력될 수 있도록 [음악] -
[모든 중지] 블록을 [아니면(else) 실행] 블록 내부에 추가합니다.

⑨ [아이콘 출력] 블록을 넣고 하트를 선택합니다.

 step 7 | (학생용) 학생의 라디오 통신 그룹을 설정하고 아이콘 출력
을 설정합니다.

① [무한반복 실행] 블록 내부에 [라디오] - [라디오 그룹을 '1'로 설정] 블록을 추
가합니다.

② [아이콘 출력] 블록을 넣고 하트를 선택합니다.

step 8 | (학생용) 목걸이 LED 스트립을 빛나게 해줄 확장 프로그램
네오픽셀 블록을 추가합니다.

① '고급'을 클릭하여 '확장' 꾸러미를 선택합니다.
② 화면의 'neopixel'을 클릭하여 새 꾸러미를 다운로드합니다.

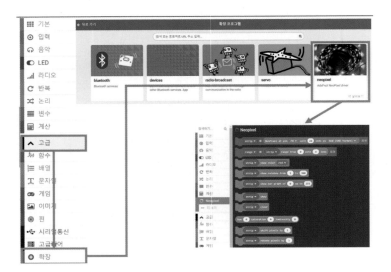

 step 9 | (학생용) 레인보우 LED의 값을 설정합니다.

① [Neopixel] - ['strip'에 Neopixel at pin 'P0' with '24' leds as 'RGB(GRB
format)' 저장] 블록을 [무한반복 실행] 블록 아래에 추가합니다.
② '24'를 '30'으로 변경합니다.

③ LED 색을 조절하기 위해 [Neopixel] - ['strip' show rainbow from '1' to '360']
블록을 추가합니다.

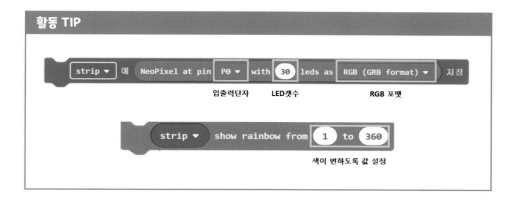

step 10 | **(학생용) 보호자용 마이크로비트로부터 신호를 받으면 학생용 마이크로비트도 신호를 전송하도록 설정합니다.**

① [라디오] - [라디오 전송: 문자열 ''] 블록을 [라디오] - [라디오 수신하면 실행: receivedString] 블록 내부에 추가합니다.

※ 문자열 비워 두면 공문자 전송합니다.

step 11 | **(학생용) 미아가 되었을 때 'A' 버튼을 누르면 보호자 연락처가 나오고 다시 보호자와 만났을 때엔 하트 아이콘이 나오도록 설정합니다.**

① [기본] - [문자열 출력 " "] 블록을 [입력] - [버튼 A 누르면 실행] 블록 내부에 추가합니다.

② 문자열 안에 보호자 연락처 추가합니다.

③ [입력] - [버튼 A 누르면 실행] 블록을 추가 후 'A'를 'B'로 변경합니다.

④ [기본] - [아이콘 출력] 블록을 [버튼 B 누르면 실행] 블록 내부에 추가합니다.

step 12 | 완성된 전체 코드를 확인합니다.
완성된 프로그램을 마이크로비트에 다운받습니다.

[보호자용]

시작하면 실행
　라디오 그룹을 **1** 로 설정
　라디오 전송 강도를 **2** 로 설정

라디오 수신하면 실행: receivedString
　수신 ▾ 에 수신된 패킷의 신호 강도 ▾ 저장

무한반복 실행
　라디오 전송:문자열 ` `
　수 출력 수신 ▾
　만약(if) 수신 ▾ < ▾ **-60** 이면(then) 실행
　　다다둥 ▾ 멜로디 무한 ▾ 출력
　　아이콘 출력 ▓ ▾
　아니면(else) 실행 ⊖
　　모든 ▾ 중지
　　아이콘 출력 ▓ ▾
⊕

[학생용]

무한반복 실행
　라디오 그룹을 **1** 로 설정
　아이콘 출력 ▓ ▾
　strip ▾ 에 NeoPixel at pin P0 ▾ with **30** leds as RGB (GRB format) ▾ 저장
　strip ▾ show rainbow from **1** to **360**

라디오 수신하면 실행: receivedString
　라디오 전송:문자열 ` `

A ▾ 누르면 실행
　문자열 출력 " 000-0000-0000 "

B ▾ 누르면 실행
　아이콘 출력 ▓ ▾

04 만들기

 step 1 | 미아 방지 목걸이를 만들기 위한 재료를 확인합니다.

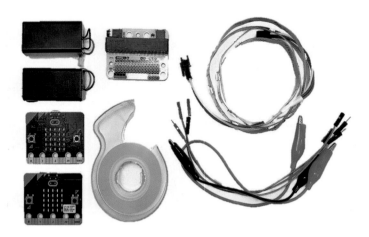

준비물: 마이크로비트 2개, 배터리 홀더(건전지 포함) 2개, 네오픽셀 LED, 연결선, 확장 보드

 step 2 | (보호자용) 확장 보드에 마이크로비트를 끼우고 배터리와 연결합니다.

step 3 | **(학생용) 마이크로비트와 네오픽셀 LED 스트립, 배터리와 연결합니다.**

① 연결선, 악어클립을 이용해 마이크로비트와 네오픽셀 LED를 연결하고 배터리와 연결합니다.

> LED 스트립의 V ⇔ 마이크로비트의 3V
> LED 스트립의 GND ⇔ 마이크로비트의 GND
> LED 스트립의 DO ⇔ 마이크로비트의 입출력 핀

② 테이프를 이용해 LED 스트립이 목걸이가 될 수 있도록 만들어 줍니다.

활동 TIP

LED 스트립을 자세히 보시면 화살표가 있습니다. 화살표가 시작하는 방향(화살표 뿌리 쪽)과 마이크로비트를 연결해 줍니다.

---

step 4 | **두 마이크로비트의 거리를 가까이했다가 멀리했을 때에 입력했던 소리와 아이콘이 제대로 출력되는지 확인합니다.**

11

비밀 상자 만들기

활동 목표
- 가변저항을 이용해 비밀번호를 입력하고 출력할 수 있다.
- 비밀 상자의 알고리즘을 이해하고 만들 수 있다.

11.
비밀 상자 만들기

01 살펴보기

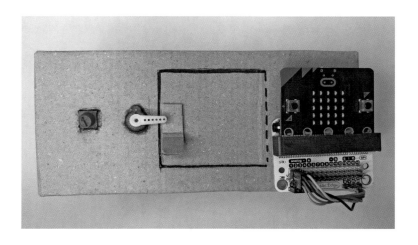

여러분들은 소중한 물건들을 어디에 보관하나요? 중요한 물건들을 보관하기 위해 비밀 상자를 사용합니다. 비밀 상자는 평소에는 잠겨 있다가 열기 위해 비밀번호를 입력하면 열리게 됩니다.

이번 프로젝트에서는 마이크로비트와 가변저항을 이용해 소중한 물건을 보관할 수 있는 비밀 상자를 만들어 보도록 하겠습니다.

step 1 | 이번 메이킹을 위해 필요한 외부 장치를 알아봅시다.

- 가변저항이란 무엇일까요?

[가변저항]

가변저항은 전자회로에서 저항값을 바꿀 수 있는 저항기입니다. 저항값 변화를 통해 전류의 크기를 바꿀 수 있습니다.

- 가변저항을 연결하는 방법을 알아볼까요?

가변저항을 작동하기 위해서는 총 3개의 전선이 필요합니다.

> 가변저항의 VCC ⇔ 확장 보드의 2번 V
> 가변저항의 GND ⇔ 확장 보드의 2번 G
> 가변저항의 OUT ⇔ 확장 보드의 2번 핀

이렇게 가변저항에 전원을 공급하며, 가변저항이 저항값을 바꾸어 마이크로비트에 입력되는 전류의 값을 변화시킬 수 있습니다.

마이크로비트 비밀 상자를 프로그래밍하는 순서를 생각해 봅시다.

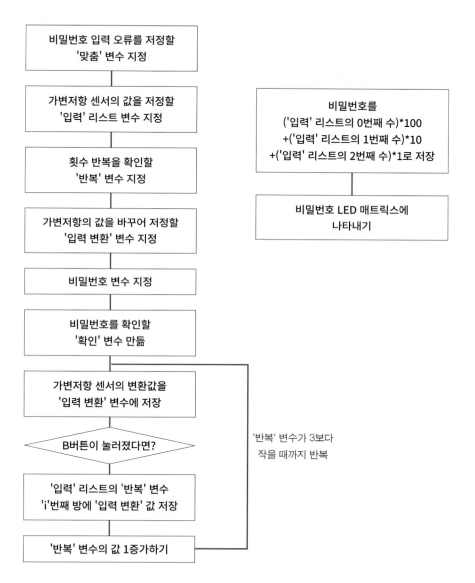

비밀번호 입력 오류를 저정할
'맞춤' 변수 지정

가변저항 센서의 값을 저정할
'입력' 리스트 변수 지정

횟수 반복을 확인할
'반복' 변수 지정

가변저항의 값을 바꾸어 저정할
'입력 변환' 변수 지정

비밀번호 변수 지정

비밀번호를 확인할
'확인' 변수 만듦

가변저항 센서의 변환값을
'입력 변환' 변수에 저장

B버튼이 눌러졌다면?

'입력' 리스트의 '반복' 변수
'i'번째 방에 '입력 변환' 값 저장

'반복' 변수의 값 1증가하기

비밀번호를
('입력' 리스트의 0번째 수)*100
+('입력' 리스트의 1번째 수)*10
+('입력' 리스트의 2번째 수)*1로 저장

비밀번호 LED 매트릭스에
나타내기

'반복' 변수가 3보다
작을 때까지 반복

비밀 상자의 비밀번호를 설정하는 프로그래밍 순서

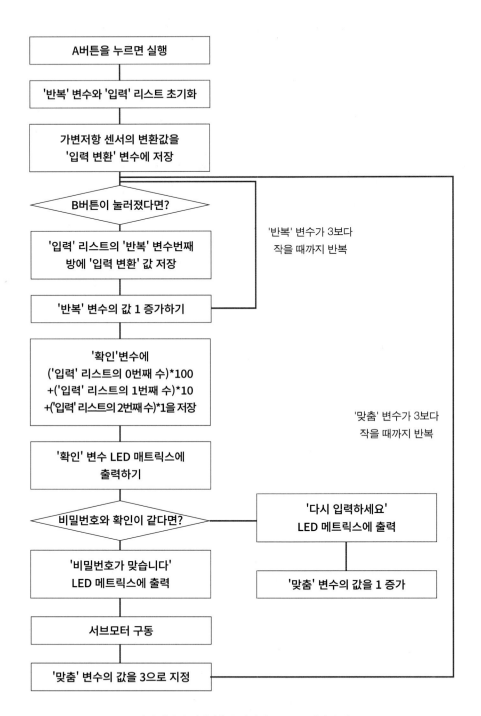

비밀 상자의 비밀번호를 설정하는 프로그래밍 순서

step 3 | 이번 활동에 필요한 주요 명령 블록을 알아봅시다.

명령 블록	기능
리스트 ▼ 에 1 2 ⊖ ⊕ 저장	변숫값을 여러 개 저장하는 배열을 만듭니다. 첫 번째 저장된 방의 번호는 '0'부터 시작됩니다. ⊖ , ⊕ : 저장되는 장소의 개수를 늘리거나 줄일 때 사용합니다.
리스트 ▼ 에서 0 번째 위치의 값을 ⬤ 로 변경	배열의 지정한 위치의 값을 원하는 값으로 변경합니다.
리스트 ▼ 에서 0 번째 위치의 값	배열에서 지정한 위치의 값을 알려 줍니다.

CHAPTER 11 비밀 상자 만들기   195

step 1 | makecode 홈페이지(www.makecode.com)에 접속해,
마이크로비트를 선택하고, 새 프로젝트를 선택합니다.

 step 2 | 프로그램에 필요한 변수를 만듭니다.

① 비밀 상자 프로그램을 만들기 위해서는 다양한 변수가 필요합니다. 필요한
변수와 리스트를 정리하면 다음과 같습니다.

데이터 타입	변수명		기능
변수	입력 변환		가변저항의 센서값(0~1023)을 1~9의 자연수 값으로 저장합니다.
	반복		반복되는 회수를 확인합니다.
	비밀번호		비밀 상자의 비밀번호를 저장합니다.
	확인		비밀 상자를 열기 위해 입력하는 비밀번호를 저장합니다.
	오류 횟수		비밀번호 입력 오류 횟수를 점검합니다.
리스트	입력		입력 변환된 가변저항의 값을 3개 저장합니다.

② 비밀 상자 프로그램에 필
요한 변수를 만들기 위해
[변수]-[변수 만들기]를 선
택해 다음과 같은 변수들
을 만들어 줍니다.

step 3 │ 비밀 상자의 비밀번호를 입력받기 위해 '입력' 리스트 변수를 만들고 자료 저장 공간을 3개 만듭니다.

① [고급]-[배열]-[리스트에 저장] 명령 블록을 [시작하면 실행] 명령 블록 밑에 가지고 옵니다. [리스트에 저장] 명령 블록의 [리스트▼]를 눌러 변수의 이름을 '입력' 으로 바꿉니다.

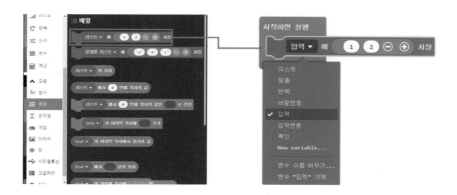

② [리스트에 저장] 명령 블록의 버튼을 눌러 저장 공간을 하나 늘려 3개의 저장 공간을 만듭니다.

활동 TIP

리스트란 비슷한 특성을 가진 자료들을 연결해 놓은 것입니다. 리스트의 경우 데이터의 이동 없이 원하는 데이터를 중간에 삽입과 삭제를 할 수 있습니다.

step 4 | 변수들을 초기화합니다.

① '함수' - '함수 만들기'에서 '압력 측정' 함수를 만듭니다.

 step 5 | 가변저항의 값을 0~9까지의 숫자로 변환하여 비밀번호 3자리를 저장합니다.

① 비밀번호 입력을 알리기 위해 'Set your PW'라는 문구를 Led Matrix에 출력합니다.

② 가변저항을 통해 비밀번호 숫자를 입력받기 위해 [계산]-[비례 변환] 명령 블록을 이용합니다. 아날로그 입력값 0~1000까지의 값을 0~9까지의 값으로 바꾸고 이 블록을 ['입력 변환' 변수에 저장] 블록 안에 넣습니다. 그리고 나면 입력 변환값을 확인하기 위해 [수 출력] 명령 블록을 이용해 '입력 변환' 변수를 Led Matrix에 출력합니다.

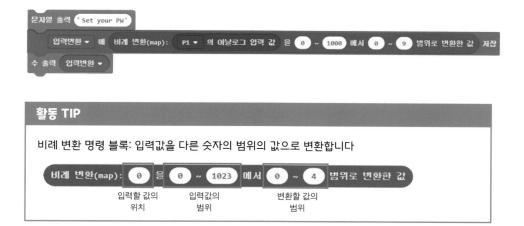

③ '입력 변환' 변수에 저장된 값이 정숫값으로 출력되지 않아 [계산]-[버림] 명령 블록을 사용해 정숫값으로 출력되도록 바꾸어 줍니다.

④ 비밀번호 숫자를 세 개 입력받기 위해 [반복 (조건)인 동안, 실행] 블록을 이용해 가변저항의 값을 세 번 받을 수 있도록 합니다. 이때 조건을 반복 변수의 값이 3보다 작을 때까지 반복되도록 '반복〈3'로 설정합니다. 반복 조건에서 변수를 사용하는 이유는 변수의 값을 입력 리스트의 저장 위치값으로 사용하기 위해서입니다.

⑤ 입력받은 값을 리스트에 저장하기 위해 [만약~이면 실행] 명령 블록을 이용해 'B 버튼'을 누르면 '입력' 리스트의 '반복 변숫값' 번째 위치에 저장하도록 합니다. 리스트에 값을 저장하기 위해 [고급]-[배열]-['리스트'에서 '0' 번째 위치의 값을 ( )으로 변경]이라는 명령 블록을 사용합니다. 그리고 다음 값을 입력 받기 위해 '반복' 변수의 값을 1 증가합니다.

⑥ '입력 리스트의 첫 번째 값*100 + 입력 리스트의 두 번째 값*10 + 입력 리스트의 세 번째 값'을 '비밀번호' 변수에 저장하고, 저장된 비밀번호를 확인하기 위해 [수출력] 명령 블록을 이용해 '비밀번호' 변숫값을 LED Matrix에 출력합니다.

⑦ 비밀번호를 설정하는 전체 프로그램은 다음과 같습니다.

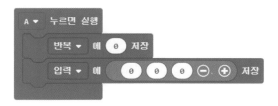

 step 6 | 'A' 버튼을 누르면 비밀번호를 입력할 수 있도록 변수들을 초기화합니다.

① 비밀번호 입력을 알리기 위해 'Put your PW'라는 문구를 Led Matrix에 출력합니다.

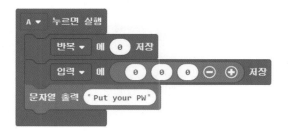

② 비밀번호 설정 때와 같이 가변저항값을 이용해 비밀번호 확인을 위한 세수를 '입력' 리스트에 저장합니다.

③ '입력 리스트의 첫 번째 값*100 + 입력 리스트의 두 번째 값*10 + 입력 리스트의 세 번째 값'을 '확인' 변수에 저장하고, 저장된 비밀번호를 확인하기 위해 [수출력] 명령 블록을 이용해 '확인' 변숫값을 LED Matrix에 출력합니다.

step 8 │ **비밀번호를 확인하여 비밀번호가 맞으면 비밀 상자의 문이 열리도록 합니다.**

① [고급]-[확장]을 클릭하여 'servo' 확장 프로그램을 불러옵니다.

② [만약~이면 실행, 아니면 실행] 명령 블록과 비교 연사자를 이용해 비밀번호 변수와 확인 변수가 맞으면 서버가 90도로 회전하여 문이 열리도록 하고, 아 니면 틀렸다는 의미의 'wrong' 이 Led Matrix에 나타나도록 합니다.

step 9 | 비밀번호를 잘못 입력하면 다시 입력할 수 있도록 다음과 같이 프로그램을 수정합니다.

① 비밀번호를 한번 잘못하면 프로그램이 종료되기 때문에 [반복]-[반복 ~인 동안] 명령 블록을 추가해 비밀번호 입력 오류 횟수가 3보다 작을 때까지만 비밀번호를 입력하고 확인할 수 있도록 합니다.

② 비밀번호가 맞았을 경우 반복문을 벗어나기 위해 오류 횟수의 변숫값을 4로 저장하고, 비밀번호가 틀렸을 경우 반복해서 수를 입력받기 위해 반복 변수의 값을 0으로 바꾸는 명령 블록을 추가합니다.

step 10 | A 버튼을 눌렀을 때 비밀번호를 넣고 비밀번호가 맞으면 문이 열리는 전체 프로그램은 다음과 같습니다.

 step 11 | A, B 버튼을 동시에 눌렀을 때 비밀 상자의 문이 잠기도록 합니다.

A+B 버튼을 눌렀을 때 비밀 상자가 잠기도록 서버의 각도를 0으로 바꾸고, 반복, 입력 리스트, 오류 횟수의 변숫값들을 0으로 바꾸어 줍니다.

step 1 | 비밀 상자를 만들기 위한 재료를 확인합니다.

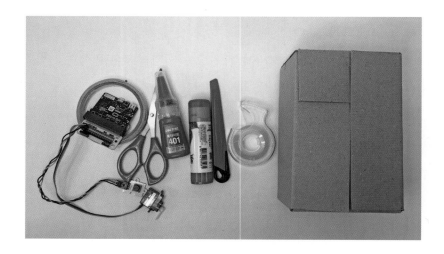

준비물: 마이크로비트, 확장 보드, 가변저항, 서보모터, 배터리 홀더(건전지 포함), 가위, 칼, 스카치테이프, 순간접착제, 상자

활동 TIP

비밀 상자에 활용하는 상자는 마이크로비트보다 크고 용도에 맞는 적당한 크기를 사용합니다. 칼을 사용할 때는 안전에 유의하며, 조심히 다루도록 합니다. 순간접착제를 많이 사용하면 손가락에 붙을 수 있으므로, 소량만 사용하도록 합니다.

step 2 | 확장 보드에 마이크로비트를 끼웁니다.

① 상자의 옆면에 여닫을 수 있는 문과 가변저항, 모터가 나올 수 있는 구멍을 그립니다. 가변저항과 모터의 앞부분만 나올 수 있도록 크기를 잘 생각해서 그립니다.

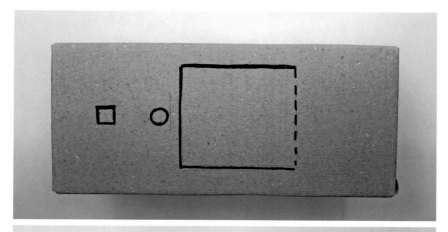

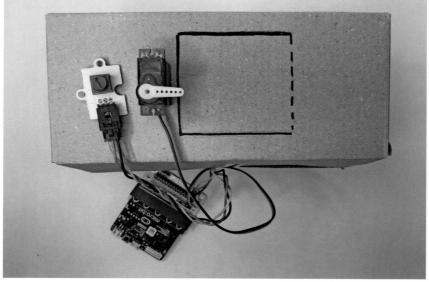

② 칼을 사용하여 문 부분과 가변저항, 모터 구멍을 잘라냅니다.

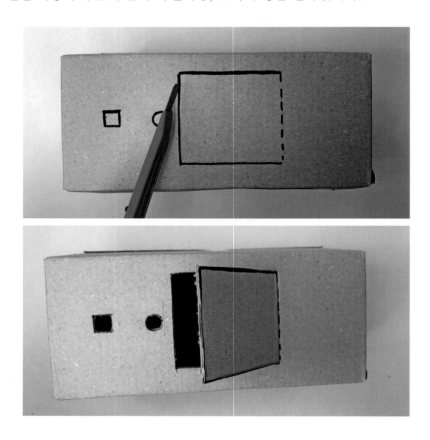

③ 상자 밑부분의 여분에서 두께 약 1cm 정도의 종이를 잘라냅니다.

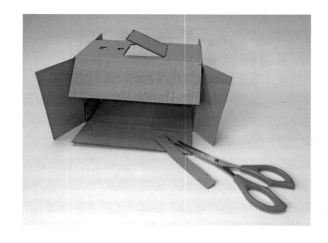

④ 비밀 상자의 문이 안쪽으로 들어가는 것을 막기 위해 잘라낸 종이를 안쪽에서 붙여줍니다. 문의 손잡이의 안쪽에 붙여야 문을 지지할 수 있습니다.

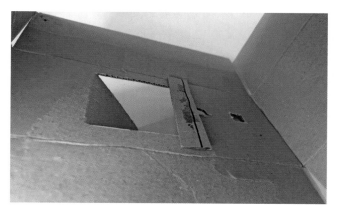

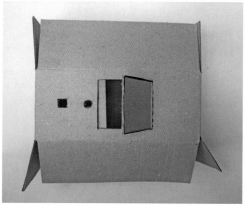

⑤ 상자 안쪽에 가변저항과 모터를 배치하여, 스위치 부분과 모터 앞부분만 상자 밖으로 나올 수 있도록 고정합니다.

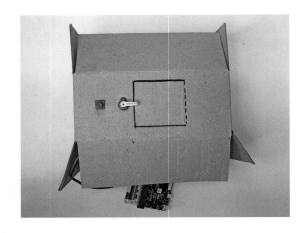

⑥ 상자의 모서리 쪽으로 마이크로비트를 밖으로 꺼내 우측에 배치하여, 스카치테이프로 고정합니다. 배터리 홀더는 안쪽에 여유 공간에 스카치테이프로 붙입니다.

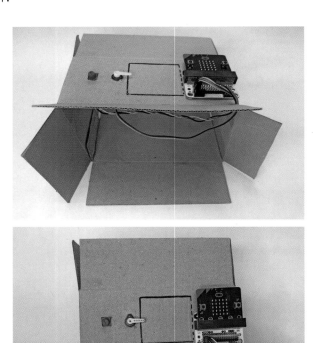

⑦ 스카치테이프로 상자 윗부분과 아랫부분을 붙여 상자를 만듭니다.

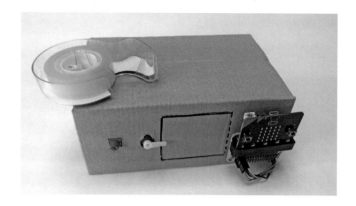

⑧ 문을 열 때 필요한 손잡이를 만들기 위해, 종이를 반을 접어 그중 한 면을 문
에 붙입니다. 가변저항과 모터 앞부분이 뒤로 들어가는 것을 막기 위해 순간
접착제로 붙입니다.

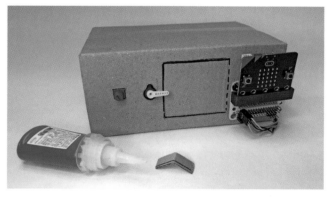

⑨ 비밀 상자가 잠겼을 때와 열릴 때를 비교하여 잘 작동하는지 확인합니다.

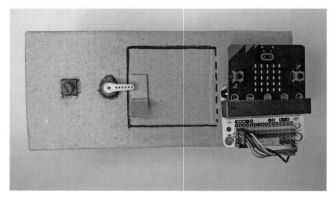

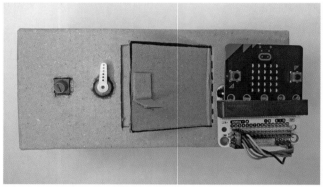

● 마이크로비트 Standard KIT

micro:bit로 피지컬 컴퓨팅을 할수 있는 가장 기본이 되는 KIT 입니다. 교재에 주로 많이 사용되는 부품들로 구성하였으며, 교재에 수록된 일부 예제들을 실험해 볼 수 있습니다. (전체 예제 실험을 위해서는 부족한 부품 별도 구매)

세트 구성

마이크로비트	마이크로 USB 1.2m	마이크로비트 확장 보드	AAA 베터리 케이스
점퍼 케이블 M/F 10cm 20핀	점퍼 케이블 F/F 10cm 20핀	선풍기 모터	적외선 센서
서보 모터 1개	초음파 센서	LED 녹색 2개	가변저항
악어클립 4개	전도성 테이프(30cm)	4픽셀 네오픽셀	12픽셀 네오픽셀

기술 지원 : 코딩 길라잡이(카페주소: https://cafe.naver.com/codingblock)

홈페이지 : ㈜제이케이이엠씨 (www.jkelec.co.kr / master@deviceshop.net)
쇼핑몰 : http://www.toolparts.co.kr, https://smartstore.naver.com/openhw

● 마이크로비트 Global Standard KIT

micro:bit와 다양한 센서 또는 출력 장치 등을 연결할 수 있는 장치인 센서 확장보드를 이용해
각종센서를 활용 할 수 있는 KIT 입니다. 교재에 수록된 대부분의 실험을 해볼 수 있습니다.
(부족한 부품들은 별도 구매)

세트 구성

마이크로비트   마이크로 USB 1.2m   마이크로비트 확장 보드   AAA 베터리 케이스 베터리 2개

점퍼 케이블 M/F 10cm 20핀   점퍼 케이블 F/F 10cm 20핀   선풍기 모터   적외선 센서

서보 모터 2개   초음파 센서   LED 녹색 2개   가변저항

악어클립 4개   전도성 테이프(30cm)   4픽셀 네오픽셀   12픽셀 네오픽셀

AD 키패드

조도 센서 2개

▶ YouTube
'마이크로비트와 함께 즐기는
방구석 메이킹' 관련 동영상

* 교재 관련 교육 문의 : inywee@ice.go.kr

마이크로비트와
(micro:bit)
함께 즐기는
방구석 메이킹
(Making)

| 2020년 | 9월 | 18일 | 1판 | 1쇄 | 인 쇄 |
| 2020년 | 9월 | 25일 | 1판 | 1쇄 | 발 행 |

지 은 이 : 배영훈 · 이준록 · 정인성 · 지다해

펴 낸 이 : 박정태

펴 낸 곳 : 광 문 각

10881
경기도 파주시 파주출판문화도시 광인사길 161
광문각 B/D 4층
등   록 : 1991. 5. 31 제12 - 484호
전 화(代) : 031-955-8787
팩   스 : 031-955-3730
E - mail : kwangmk7@hanmail.net
홈페이지 : www.kwangmoonkag.co.kr

ISBN : 978-89-7093-381-8   93560

값 : 15,000원

한국과학기술출판협회
Korean Science & Technology Publisher Association

저자와 협의하여 인지를 생략합니다.

※ 부록 추가: 가위바위보 만들기/비행게임 만들기에 대한 프로젝트는
   광문각 홈페이지(www.kwangmoonkag.co.kr)자료실에서 다운로드할 수 있습니다.